SCHÖNE HUNDE

PORTRÄTS
klassischer
RASSEN

SCHÖNE HUNDE

PORTRÄTS
klassischer
RASSEN

von CAROLYN MENTEITH
fotografiert von ANDREW PERRIS

Fotos: **Andrew Perris**
   Außer: Seite 7 iStockphoto/Zeljko Santrac
      Seite 8 Getty Images/Steve Baccon
      Seite 9 iStockPhoto/Mike Dabell
      Seite 10 iStockPhoto/Robert Churchill
      Seite 11 Getty Images/Hulton Archive/H. William Tetlow
      Seite 12 Getty Images/AFP/Ian Kington
      Seite 13 Fotolia/Richard Paul
Illustrationen: **David Anstey**
Gestaltung: **Ginny Zeal**
Übersetzung: **Dorothea Raspe, Münster**

ISBN 978-3-7843-5258-9

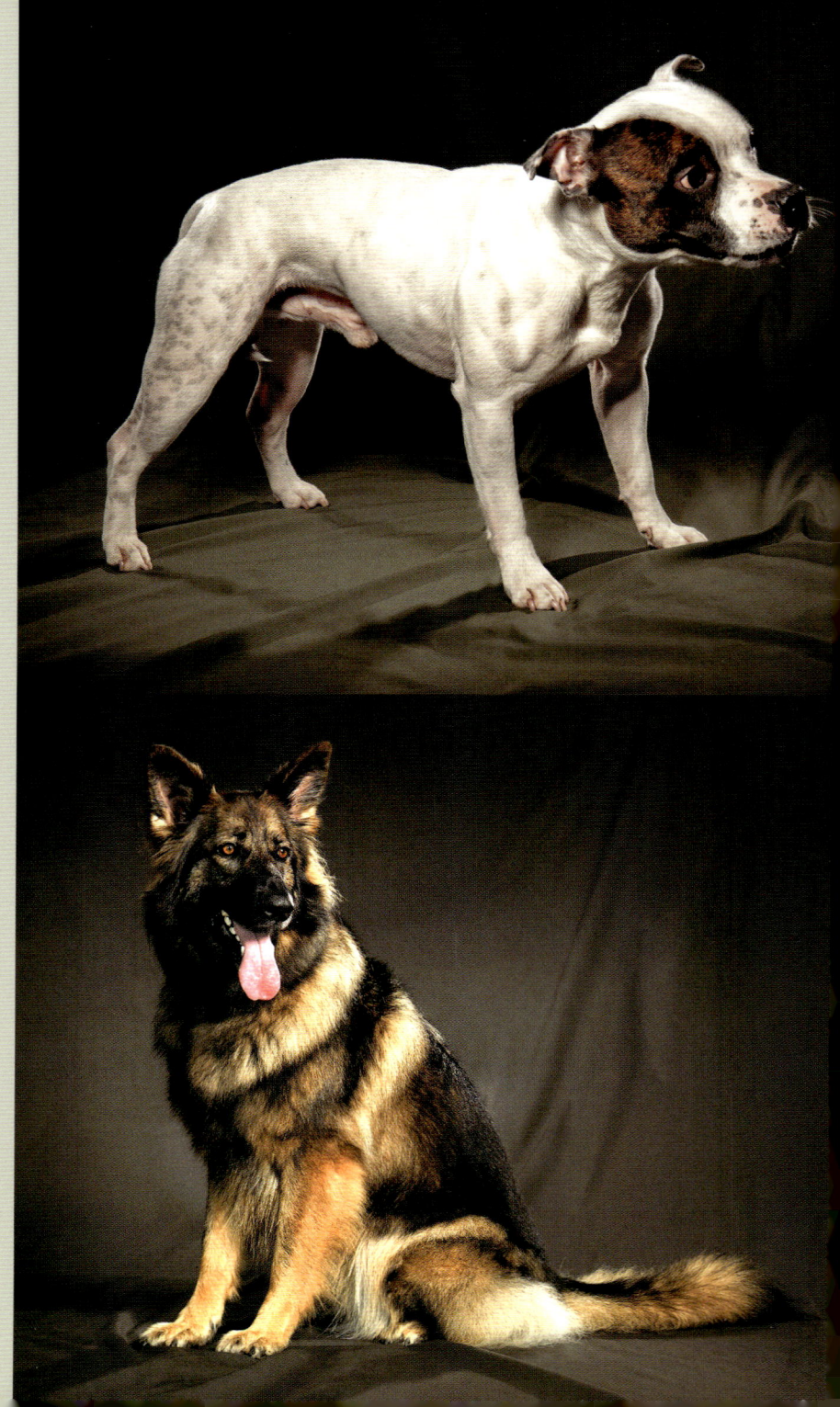

INHALT

EINFÜHRUNG

SEIT ÜBER 15 000 JAHREN SIND HUNDE UNSCHÄTZbare Begleiter der Menschen. Sie haben eine wesentliche Rolle bei der Entwicklung unserer Zivilisation gespielt und sich auf diese Weise den Titel „Bester Freund des Menschen" verdient. Keine anderen zwei Spezies haben ein derartiges Verhältnis. Diese symbiotische Partnerschaft umfasst alle Spielarten von fürsorglicher Freundschaft bis zu gemeinsamer Arbeit. Dabei kann die Arbeit vielfältig sein: Jagd, Hütearbeit, Schutz, Bewachung und vieles mehr. Allerdings gibt es viele traditionellen Arbeiten nicht mehr und so haben die Hunde sich angepasst und neue Aufgaben übernommen: als Assistenzhunde, als Spürhunde für Sprengstoffe, Drogen oder Verschüttete, als Warnhunde und in der Krebsfrüherkennung. Hunde können Leben retten!

In *Schöne Hunde* stellen wir einige der zahlreichen Hunderassen in den Mittelpunkt. Manche der hier gezeigten Hunde sind Champions, andere heißgeliebte Gefährten. Jedes Foto zeigt eine andere Rasse, in der Vergangenheit von Menschen gezüchtet oder von Um-

Seit Langem arbeiten Mensch und Hund Seite an Seite. Eine besondere Beziehung, die bis heute anhält.

ständen beeinflusst, um eine bestimmte Arbeit zu verrichten – und jetzt, um hier im Rampenlicht zu stehen. Zu jedem Hund in diesem Buch finden Sie eine Beschreibung seiner Rassengeschichte, wo er ursprünglich herkommt und für welche Aufgabe er einst vorgesehen war. Heutzutage werden reinrassige Hunde oftmals für Zuchtschauen gezüchtet oder – weitaus häufiger – als Begleit- und Familienhund.

Um die Schönheit der Hunde würdigen zu können, müssen Sie selbst beobachten, wie sie sich bewegen, Sie müssen ihre Persönlichkeit entdecken und ihren Lebenswillen teilen, damit Sie verstehen können, warum die Tiere einen so besonderen Platz im Herzen und im Leben der Menschen einnehmen. Ich hoffe, dieses Buch wird Sie ermuntern, genau das zu tun.

Entdecken Sie in diesem Buch eine kleine Auswahl der vielfältigen Hunderassen der Welt – von den weit verbreiteten zu den seltenen, vom Jagdhund zum Gefährten, von den weichhaarigen zu denen mit Rastalocken. Aber alle sind schön.

DIE ENTWICKLUNG DES HUNDES

DER HAUSHUND *CANIS LUPUS FAMILIARIS* IST Mitglied der Familie der Canidae, zu der auch Wölfe, Füchse, Kojoten und Schakale gehören. Der Begriff „Haushund" umfasst dabei sowohl die domestizierte als auch die wilde Variante der Spezies. Während wir nämlich beim Hund eher an das Haustier denken, besteht die große Mehrheit der weltweiten Hundepopulation aus Wild- bzw. Straßen- oder Pariahunden.

Die Entwicklung des Hundes aus seinen wilden, hundeartigen Vorfahren (vor allem den Wölfen) ist eine unvorstellbare evolutionäre Erfolgsgeschichte, unterstrichen von der Tatsache, dass es nur noch etwa 400 000 Wölfe weltweit gibt, aber unglaubliche 400 000 000 Hunde. Man kann natürlich argumentieren, dass die Menschen für den Untergang der Wölfe verantwortlich sind, da sie deren Lebensraum eingenommen haben. Allerdings war der Wolf als Spezies auch nicht in der Lage, sich diesen Veränderungen anzupassen, und jede Veränderung des Lebensraums bringt einen Rückgang der Populationszahlen mit sich. Der Hund hat im Gegensatz dazu die Nischen, die die Menschen ihnen geschaffen hatten, gefunden und besetzt.

Diese Entwicklung vollzog sich vor etwa 15.000 Jahren, als die Menschen ihr Nomadenleben beendeten und sesshaft wurden. Bis dahin gingen die Tiere ihnen aus dem Weg, aber einige erkannten nun, dass mit den neuen Niederlassungen wertvolle Nahrungsquellen verbunden waren: die menschlichen Müllhalden. Allerdings konnten nur die weniger ängstlichen Wölfe und Wildhunde diese neuen Quellen ausbeuten und nur die Stärksten gaben ihre Gene an die nächste Generation weiter.

Evolutionär gesehen war es eine sehr kurze Zeit, bis diese „neuen Hunde" sich an die Menschen gewöhnt

Hunde haben sich zu sozialen Wesen und „besten Freunden" entwickelt und bieten uns Loyalität und Schutz.

hatten, und die Vorteile im Hinblick auf die Nahrungsquellen waren so groß, dass sie in die Niederlassungen einzogen. Dabei wurden sie von den Menschen ermutigt, die erkannt hatten, dass die Tiere sie vor Feinden warnen konnten. Außerdem wurden die Niederlassungen dadurch sauber und ungezieferfrei gehalten, dass die Tiere den Müll fraßen. In Hungersnöten dienten die Hunde überdies als Nahrung.

DIE ENTWICKLUNG DER RASSEN

Bloodhounds gehören zu den ältesten Hunderassen und sind sowohl Jagd- wie auch Begleithunde.

ES GIBT EINE UNGLAUBLICHE VIELFALT VON Hundeformen und -größen. Wie erstaunlich, dass ein Chihuahua und eine Deutsche Dogge zur selben Art gehören! Verschiedene Rassen und Typen unterscheiden sich aber nicht nur physisch, sie sind auch dank der jahrhundertlangen selektiven Zucht hoch spezialisiert.

Um zu verstehen, wie erfolgreich sich Hunde entwickelt haben, muss man sie nur mit ihrem Vorfahren – dem Wolf – vergleichen. Immer findet man eine Rasse, die ihn übertrifft. Siberian Huskys können beispielsweise weiter laufen, Greyhounds schneller rennen, Bloodhounds haben eine feinere Nase und Barsois können besser sehen.

Während man glaubt, dass Hunde sich selbst domestiziert haben, spielen die Menschen die Hauptrolle, wenn es um die Entwicklung der Rassen geht. Wir haben frühzeitig in unserer Beziehung zu Hunden erkannt, dass es einige Aufgaben gibt, die sie ausgezeichnet erledigen können: bewachen, hüten, retten oder jagen.

Die Fähigkeiten eines Hundes im Hinblick auf diese Aufgaben stammen von einer Folge von Verhaltensweisen, die bei jeden Hund angeboren sind (oder zumindest waren). Dieses Verhaltensmuster kann in folgende Phasen unterteilt werden: die Beute ins Auge fassen, anschleichen, jagen, die Beute packen, töten und fressen. Um Hunde nun für verschiedene Aufgaben zu entwickeln, begannen die Menschen, bestimmte Merkmale herauszuzüchten. Demzufolge wurden Hunde, die bestimmte Stärken hatten, mit anderen Hunden gekreuzt, die wiederum andere Stärken und Schwächen aufwiesen, um spezialisierte Rassen zu erhalten. Hütehunde mussten beispielweise den ersten Teil gut beherrschen (sehen – anschleichen – jagen), aber nicht den zweiten (packen – töten – fressen), was heißt, sie müssen Schafe treiben können, aber sie sollten sie nicht töten.

Ein Nebenprodukt dieser Zuchtarbeit war, dass sich verschiedene Hundegestalten entwickelten, die physisch am besten für diese Aufgabe geeignet waren. Und nicht nur das: Auch die Region, in der die Hunde gezüchtet wurden, konnte eine entscheidende Rolle spielen.

VOM ARBEITS- ZUM AUSSTELLUNGSHUND

DAS LEBEN EINES ARBEITSHUNDES UNTERSCHEIDET sich erheblich vom Leben eines Ausstellungshundes. Allerdings werden auch die Ausstellungshunde in Gruppen eingeteilt, die den ursprünglichen Arbeitsbereichen entsprechen. Diese Gruppen variieren von Land zu Land, die Art der Bewertung ist aber mehr oder weniger gleich.

In Großbritannien beispielsweise tritt zunächst einmal ein Hund gegen Mitglieder seiner eigenen Rasse, des gleichen Alters und Geschlechts an. Die Gewinner jeder Klasse treten dann gegeneinander an, um den Besten Rüden und die Beste Hündin zu ermitteln. Anschließend wird zwischen diesen beiden das Beste Tier dieser Rasse gekürt. Diese Gewinner gehen weiter in den Wettbewerb Bester der Gruppe und abschließend – wenn sie dort erfolgreich waren – Bestes Ausstellungstier.

Für den britischen Kennel Club (KC) und den American Kennel Club (AKC) sind diese Gruppen:

ARBEITSHUNDE – im Wesent-lichen Hütehunde, die Menschen, Besitz oder Vieh bewachen. Dazu zählen auch Schlittenhunde.

TREIBHUNDE – Hunde, die mit Schäfern und Bauern arbeiten, um Vieh zu treiben.

JAGDHUNDE – Laufhunde und Windhunde.

TERRIER – Hunde, die Ratten und Mäuse vernichten.

GESELLSCHAFTSHUNDE – kleine Hunde, historisch gesehen für reiche Damen gezüchtet, einige mit monastischen Ursprüngen.

JAGDGEBRAUCHSHUNDE – Apportierhunde (Retriever), Stöberhunde (Spaniel), Vorstehhunde (Pointer, Setter).

GEBRAUCHSHUNDE – die Hunde, die nicht so leicht in eine andere Gruppe passen.

Die Fédération Cynologique Internationale (FCI), ein internationaler Zusammenschluss aus 87 Verbänden (unter anderem dem VDH), arbeitet mit viel mehr Rassen und einer zehnteiligen Gruppeneinteilung: 1. Hüte- und Treibhunde, 2. Pinscher, Schnauzer, Molosser und Schweizer Sennenhunde, 3. Terrier, 4. Dachshunde, 5. Spitze und Hunde vom Urtyp, 6. Lauf- und Schweißhunde sowie verwandte Rassen, 7. Vorstehhunde, 8. Apportier-, Stöber- und Wasserhunde, 9. Gesellschafts- und Begleithunde, 10. Windhunde.

Schäferhunde sind fleißige Tiere. Manche arbeiten allein, andere – wie hier zu sehen – im Team.

DIE GESCHICHTE DER HUNDEAUSSTELLUNGEN

Seit Jahrhunderten schon gibt es Hundeausstellungen, aber bis vor Kurzem unterschieden sie sich sehr von den Schauen, die wir heutzutage kennen. Durch die ganze Geschichte hindurch haben Ägypter, Griechen, Römer, Kelten, Beduinen, Afghanen, Franzosen, Australier, Russen und Briten Ausstellungen veranstaltet, auf denen sie ihre Hunde herausgeputzt und mit ihnen angegeben haben. Anschließend wurden die Windhunde ins Rennen geschickt und Terrier in den Wettbewerb, welcher Hund die meisten Ratten töten konnte. Mit anderen Worten: Bei Hundeschauen stand im Mittelpunkt, was die Hunde konnten, und nicht, wie sie aussahen. Heutzutage sieht das etwas anders aus.

Der Mann, der im Wesentlichen für diesen Wandel verantwortlich ist, war der junge Unternehmer Charles Cruft, der 1886 eine Zuchtschau in London veranstaltete. Sie fand unter dem Namen „First Great Terrier Show" statt und hatte 57 Klassen mit 600 Einträgen, war aber nur für Terrier offen. Ab 1891 lief die Schau, die nun „Cruft's Greatest Dog Show" hieß, in der Royal Agricultural Hall in London – die erste Schau, zu der alle Rassen zum Wettbewerb zugelassen waren. Etwa 2000 folgten der Einladung.

So änderten sich zum Ende des 19. Jahrhunderts die Hundeausstellungen. Was einst ein Wettbewerb in Arbeitsfähigkeiten gewesen war, hatte sich zu einer vom Aussehen beeinflussten Ausstellung gewandelt, und die Zucht und Ausstellung von reinrassigen Hunden wurde zu einem beliebten Freizeitvergnügen in großen Teilen der Welt.

In den USA fand erstmals 1877 die Westminster Dog Show statt und sie wird auch heute noch abgehalten. Damit ist sie die älteste Hundeschau der Welt.

Stingray of Derryabah, ein britischer Lakeland Terrier, gewinnt 1968 den Titel „Best in Show" auf der 92. Westminster Kennel Club Show.

Die FCI, der der Verband für das Deutsche Hundewesen (VDH) angehört, veranstaltet die World Dog Show, die jedes Jahr in einem anderen Land stattfindet.

Als Charles Cruft 1938 starb, bat seine Witwe den Kennel Club, die Veranstaltung fortzuführen. So fand 1948 die erste Crufts Dog Show unter der Schirmherrschaft des Kennel Club statt – und läuft bis heute.

HUNDEAUSSTELLUNGEN HEUTE

SEIT 1965 MÜSSEN SICH HUNDE FÜR DIE CRUFTS qualifizieren. Die Idee wurde geboren, um die Zahl der Einträge zu begrenzen. Um sich zu qualifizieren, müssen die Hunde bei einer Zuchtschau im Vorjahr einen Preis gewonnen haben. Das bedeutet, dass die Beschreibung „qualifiziert für die Crufts" schon eine Auszeichnung an sich ist. Die Crufts ist noch stets die weltweit größte Hundeausstellung mit etwa 28.000 Teilnehmern, die jedes Jahr in den verschiedenen Klassen gegeneinander antreten.

Die Westminster Kennel Club Dog Show unterscheidet sich in geringem Maße von den anderen Ausstellungen, da der Platz in den Madison Square Gardens in New York, wo sie stattfindet, begrenzt ist, sodass nur 2500 Hunde teilnehmen können. Sobald man sich anmelden kann, sind die Plätze auch schon vergeben, obwohl auch hier nur Champions antreten dürfen. Aber es gibt Pläne, das zu ändern. Der Sieger-hund wird für ein Jahr „Amerika's Dog" und beginnt eine Tour durch die Medien, auf der er in quasi jedem Fernsehsender auf-

Jedes Jahr nehmen rund 28.000 Hunde an der Crufts Dog Show teil, einer ungeheuer beliebten viertägigen Veranstaltung in Birmingham.

tritt. Er besucht sogar die Aussichtsplattform des Empire State Building, das als Anerkennung während der Show in Violett und Gold (den Westminster-Farben) angestrahlt wird.

Die World Dog Show der FCI tauchte erstmals 1971 im Hundeschaukalender auf. Sie fand im ungarischen Budapest mit nur wenigen Hundert Einträgen statt. Seitdem wird sie jedes Jahr in einem anderen Land organisiert und zieht heutzutage etwa 20.000 Hunde an.

Ob man nun bei der Crufts, Westminster oder World Dog Show antritt: Mit dem Titel „Best in Show" nach Hause zu fahren, ist der Höhepunkt eines Hundelebens und für viele Besitzer der Lohn lebenslanger, harter Arbeit. Jahre der Zucht, Monate der Vorbereitung und Wochen der Pflege gipfeln in wenigen Minuten im Ring – wo für wenige Auserwählte Hundeträume wahr werden und für viele andere durch eine abweisende Handbewegung der Richter platzen. Aber wie heißt es so schön: „Win or lose, you always take the best dog home."

WORAUF DIE RICHTER ACHTEN

VIELE AUSSTELLUNGSBESUCHER HABEN EINE KLARE Vorstellung davon, welcher Hund gewinnen soll. Vielleicht ist es die gleiche Hunderasse wir ihr eigener Hund oder sie mögen ein spezielles Aussehen – gepflegt und elegant, struppig und etwas schmuddelig, groß und liebenswert oder winzig und entzückend. Wenn die Richter schließlich ihr Urteil fällen, sind Beobachter oft erstaunt, warum sie ausgerechnet „den Hund!" gewählt haben. So entstehen zuweilen hitzige Diskussionen unter den Zuschauern.

Die Aufgabe der Richter ist aber nicht, zu entscheiden, welcher Hund ihnen am besten gefällt, sondern zunächst einmal sicherzustellen, dass der Hund gesund und seinen Aufgaben gewachsen ist, und dann jeden Hund mit dem Idealstandard der Rasse zu vergleichen.

Dieser Standard – der in jedem Land etwas variieren kann – beschreibt das perfekteste Rassetier. Demzufolge suchen die Richter nach dem Hund, der diesem Tier in jeglicher Hinsicht am meisten ähnelt. Der Rassestandard sagt den Richtern, wie groß der Hund sein soll, wie sein Haar beschaffen sein soll, welche Farben zugelassen sind, und enthält detaillierte Beschreibungen seiner äußeren Erscheinung. In vielen Fällen beschreibt er auch ideale Charakterzüge.

Um zu verstehen, wonach ein Richter eigentlich sucht und warum die getroffenen Entscheidungen manchmal merkwürdig erscheinen, ist es hilfreich, die Sichtweise eines Richters zu hören.

So erklärt ein erfahrener Richter, dass die Bedeutung der Tatsache, dass ein Hund dem Rassestandard entspricht, gar nicht zu hoch eingeschätzt werden könne. Sie betrachteten den Rassestandard als ihre Bibel, nach der man sich richten müsse, als wäre man ein Hundefundamentalist. In der Realität beurteilten sie einen Hund aber nicht mit Maßband und Waage, sondern müssten sich ein Bild davon machen, was der perfekte Hund und der perfekte Typ sei. Es sei wichtig zu begreifen, dass es zwei grundverschiedene Dinge seien, den Rassestandard zu kennen und ihn zu verstehen. In den Worten des Richters: „Nur weil man die Fahrpläne kennt, ist man noch kein guter Lokführer."

Die Richter vergleichen jeden Hund mit den Rassestandards, beobachten, wie er sich bewegt, benutzen ihre Hände, um die Gestalt einzuschätzen.

DIE HUNDE

Diese PRACHTVOLLE GALERIE voller *Vielfalt und Charme* wird jeden Hundeliebhaber FASZINIEREN und BEGEISTERN. *Schlendern Sie in Ruhe* über unseren sorgfältig ausgewählten, FANTASTISCH FOTOGRAFIERTEN Dogwalk und begegnen Sie rund vierzig Rassen, die jede für sich *hinreißend und einzigartig* ist.

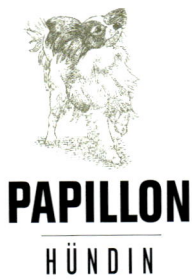

PAPILLON

HÜNDIN

Die Form der großen Ohren haben dieser Varietät des Kontinentalen Zwergspaniels ihren Namen gegeben: PAPILLON – Schmetterling. Für seine geringe Größe ist der Hund überraschend robust. In dem kleinen Gesellschaftshund vereinen sich Schönheit und Verstand. Er war vor allem an den europäischen Königshöfen beliebt, beispielsweise bei Marie Antoinette und Madame Pompadour.

Merkmale

Der Papillon ist aufgeweckt, hat runde, dunkle Augen, ein langes, seidiges Haarkleid mit schöner Zeichnung und die namensgebenden Ohren: ein hübsches Tier, ideal als Begleithund. Er hat kleine, zarte Hasenpfoten mit Haar zwischen den Zehen und eine buschige Rute, die über dem Rücken getragen wird. Er ist meist zweifarbig (mit Weiß) oder dreifarbig.

Nutzung

Papillons sind in vielen Bereichen einsetzbar, beispielsweise als Gehörlosenhund, der seine Besitzer auf Geräusche wie die Türklingel oder Feueralarm aufmerksam macht. Im Hundesport treten sie häufig in Agility- und Obedience-Prüfungen an.

Ähnliche Rassen

Langhaar-Chihuahua, Japan-Chin

Größe

Rüde ..... 23–28 cm

Hündin .. 20–25,5 cm

Herkunft

Diese Varietät wurde im 18. Jahrhundert in Belgien als stehorige Version des Phalène (französisch für Nachtfalter) gezüchtet – eine beliebte Rasse, die bis ins 13. Jahrhundert zurückgeht. Heutzutage ist der Papillon viel häufiger anzutreffen, aber auch den Phalène gibt es noch. Beide gehören zur Rasse der Kontinentalen Zwergspaniel.

Belgien

AFGHANISCHER WINDHUND

RÜDE

AFGHANISCHE WINDHUNDE sind bei den afghanischen Nomaden seit Jahrhunderten hoch geschätzt. Sie sehen wie Supermodels aus, wurden aber gezüchtet, um Hasen, Füchse, Hirsche, Gazellen, Schakale, Wölfe und sogar Leoparden zu jagen. Mit ihrem scharfen Auge rannten sie furchtlos und unermüdlich vor den berittenen Jägern, ihrer Beute auf den Fersen.

Merkmale

Afghanen sind vermutlich die elegantesten und atemberaubendsten aller Windhunde – mit ihrem aristokratisch langen Fang, den mandelförmigen Augen, dem geraden Rücken, der gebogenen Rute und dem sehr langen, üppigen Haarkleid. Alle Farben sind zugelassen.

Nutzung

Sie sind sehr temperamentvoll, aber dennoch gute, sehr anhängliche Begleithunde. Sie tolerieren Kinder und spielen gerne mit anderen Hunden. In einer kürzlich veröffentlichten Studie über die Intelligenz von Hunden landeten die Afghanen ganz unten. Das heißt nicht, dass sie dumm sind – aber sie sehen keinen Sinn in der Erziehung. Gelegentlich werden sie bei Windhundrennen eingesetzt.

Ähnliche Rassen

Barsoi, Saluki

Größe

Rüde ..... 66–71 cm

Hündin .. 61–66 cm

Herkunft

In ihrer Heimat Afghanistan waren sie hoch geschätzt und wurden jedes Jahr von ihren nomadischen Besitzern aus den Bergen zu einem Fest heruntergeholt, bei dem sie die Ehrengäste waren und mit traditionellen Halsketten und Blumen geschmückt wurden.

Afghanistan

ENGLISH POINTER

HÜNDIN

POINTER sind die klassischen Vorsteh-hunde – Jagdhunde, die dem Jäger durch das sogenannte Vorstehen anzeigen (englisch to point), dass sie Wild gefunden haben. Der Pointer sucht die Gegend ab und schnüffelt mit hoch erhobenem Kopf, bis seine ausgezeichnete Nase Beute wittert. Dann bleibt er stehen und zeigt wie ein Pfeil auf die Stelle, sodass der Jäger sich nähern und das Federwild aufjagen kann, um es abzuschießen.

Merkmale

Der Pointer vermittelt den Eindruck von Kraft und Anmut. Er hat einen edlen Kopf, dunkle, runde Augen, lange, gerade Läufe, eine spitz zulaufende Rute und ovale Pfoten. Zugelassen sind Zitronenfarben-Weiß, Orange-Weiß, Leberfarben-Weiß und Schwarz-Weiß, auch ein- und dreifarbig.

Nutzung

Pointer werden noch stets auf der Jagd eingesetzt, gehören aber eher zu den seltenen Jagdhunden. Die Tiere sind ausgeglichen, ruhig und sensibel, sodass sie gute Familien- und Begleithunde sind – solange sie genügend Bewegung bekommen.

Ähnliche Rassen

Deutscher Vorstehhund, Ungarischer Vorstehhund (Vizsla)

Größe

Rüde ..... 64–69 cm

Hündin .. 61–66 cm

Herkunft

Der Pointer ist ein rassig aussehender Hund, der erstmals um 1650 in England auftaucht – höchstwahrscheinlich als Kreuzungsresultat aus Greyhound, Foxhound und Bloodhound mit irgendeinem Spaniel! Er könnte auch spanisches Blut haben.

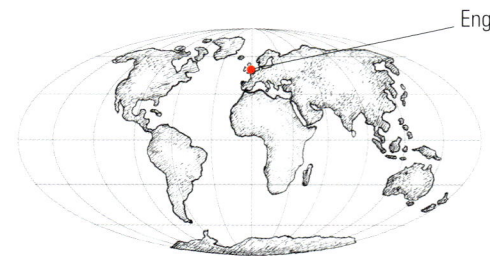

England

BEDLINGTON TERRIER

RÜDE

Wenn er für eine Zuchtschau zurechtgemacht ist, sieht er aus wie ein sanftes Lamm, aber der BEDLINGTON TERRIER ist eher ein „Wolf im Schafspelz", der einst zur Rattenjagd eingesetzt wurde. Aufgrund seiner Körperform (und dem Whippet als Vorfahren) ist er ein schneller Hund mit Kondition und großer Ausdauer.

Merkmale

Der Bedlington ist ein anmutiger, drahtiger Hund mit dem charakteristischen schmalen, birnenförmigen Kopf. Er hat lange Hasenpfoten und eine mittellange Rute, die sich nach unten verjüngt und geschwungen ist, aber nicht über dem Rücken getragen wird. Das dicke, flachsartige Haarkleid kann blau, leber- oder sandfarben sein, mit oder ohne Loh. Es sollte regelmäßig in Form geschnitten werden.

Nutzung

Der Bedlington Terrier ist gutmütig, ein energischer Familien- und guter Begleithund. Manchmal wird die Rasse mit größeren Windhunden gekreuzt, um einen mittelgroßen Lurcher zu erhalten.

Ähnliche Rassen

Zwergpudel, Lagotto Romangnolo

Größe

Rüde ..... 41–43 cm

Hündin .. 38–41 cm

Herkunft

Der Hund wurde nach der gleichnamigen Stadt in der englischen Grafschaft Northumberland benannt, wo er Mitte des 19. Jahrhunderts gezüchtet und populär wurde. Sein Vorfahre war der nun ausgestorbene Rothbury Terrier, der damals mit dem Whippet für größere Schnelligkeit gepaart wurde, möglicherweise auch mit dem Dandie Dinmont Terrier.

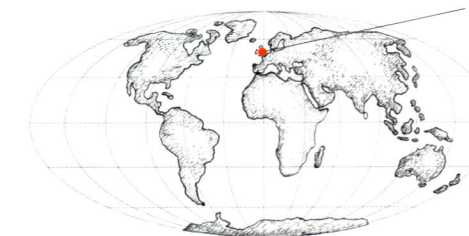

England

STAFFORDSHIRE BULL TERRIER
RÜDE

Ursprünglich wurde der STAFFORDSHIRE BULL TERRIER in der zweiten Hälfte des 19. Jahrhunderts als Kampfhund entwickelt. Er sollte die Muskelkraft eines Bulldog sowie die Intelligenz und Beweglichkeit eines Terriers in sich vereinen. In dieser Verbindung hat sich die Rasse zu einem der beliebtesten Begleithunde Großbritannien entwickelt.

Merkmale

Der Staffordshire Bull Terrier ist ein gut proportionierter, muskulöser, aktiver Hund mit geradem Rücken. Sein charakteristisches Gesicht mit den ausgeprägten Wangenmuskeln und dem breiten Fang verleiht ihm das typische Stafford-Grinsen. Die Rute ähnelt einem antiquierten Pumpenschwengel. Die Farbe des Haarkleids ist variabel: Rot, Falbfarben, Weiß, Schwarz, Blau, jede dieser Farben mit Weiß oder gestromt mit Weiß.

Nutzung

Er geht mit anderen Hunden nicht gerade zimperlich um, wenn er nicht schon sehr früh und konsequent sozialisiert wird. Aber dann ist er amüsant und anhänglich – ein kontaktfreudiger und kinderfreundlicher Begleithund.

Ähnliche Rassen

Bull Terrier, Bulldog

Größe

Rüde ..... 38–41 cm

Hündin .. 35,5–38 cm

Herkunft

Die Rasse wurde erstmalig von James Hinks aus dem englischen Birmingham gezüchtet und schon 1862 vorgestellt, aber erst in den 1930er Jahren anerkannt. Damals wurde auch die Grafschaft Staffordshire – wo der Hund sehr beliebt war – in den Namen aufgenommen, um ihn vom English Bull Terrier zu unterscheiden. In Deutschland ist seine Haltung mit besonderen Auflagen verbunden.

England

BOLOGNESER

RÜDE

Dieser Gesellschaftshund hat eine Vergangenheit, die mindestens bis ins 11. Jahrhundert zurückreicht. Damals war er an den europäischen Adelshöfen erste Wahl. Dennoch ist der BOLOGNESER eine ziemlich seltene Rasse. Anders als viele langhaarige Hunde hat er kein Unterfell, da er eher für wärmere Temperaturen gezüchtet wurde.

Merkmale

Der Bologneser ist ein kompakter Hund mit langem, flauschigem Haar, das den ganzen Kopf und Körper bedeckt. Die Ohren sind hoch angesetzt und lassen den Kopf breit erscheinen. Die Rute ist ebenfalls mit Haar bedeckt und krümmt sich über den Rücken. Augenlider, Nasenschwamm und Krallen sind schwarz, das Fell immer weiß.

Nutzung

Die Hunde sind noch stets die guten Gefährten, die sie immer schon gewesen sind. Ihr intelligentes, freundliches Naturell und ihre Attraktivität machen sie überall beliebt. Sie sind allerdings ihren Besitzern absolut ergeben und weichen ihnen selten von der Seite.

Ähnliche Rassen

Malteser, Coton De Tuléar

Größe

Rüde ..... 26,5–30,5 cm
Hündin .. 25,5–28 cm

Herkunft

Der Bologneser ist Italiener, aber aufgrund seines Alters verlieren sich seine Ursprünge im Dunkel und er könnte durchaus vom Malteser abstammen. Andere Quellen besagen, es sei genau umgekehrt, der Malteser stamme vom Bologneser ab!

Italien

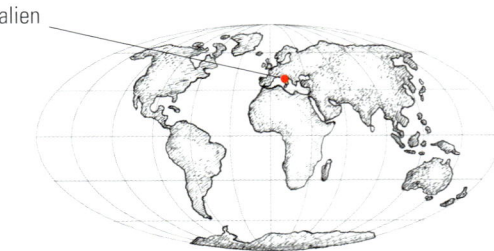

DEUTSCHER SCHÄFERHUND

HÜNDIN

Der Deutsche Schäferhund gehört weltweit zu den populärsten Rassen. Der Zuchtverband hatte seinen Sitz ursprünglich in Stuttgart, dann in München und dann in Berlin – alles Gegenden, wo die Rasse sehr verbreitet war. In Großbritannien war die Rasse auch als „Elsässer" bekannt, erst seit 1977 hat sich dort der ursprüngliche Name wieder überall durchgesetzt.

Merkmale

Mit den spitzen Stehohren, dem langen Fang, der buschigen Rute und dem dicken, mittellangen bis langen Haarkleid mit dichter Unterwolle ähnelt dieser große Hund einem Wolf. Der Deutsche Schäferhund kann schwarz mit rotbraunen, braunen, gelben bis hellgrauen Abzeichen sein, schwarz einfarbig oder grau mit dunklerer Wolkung, schwarzem Sattel und Maske.

Nutzung

Deutsche Schäferhunde gelten als ausgezeichnete Wach-, Polizei- und Militärhunde, als Assistenz- und Begleithunde. Sie schneiden in Obedience-Prüfungen immer gut ab. Sie sind loyale, ergebene, einfach zu erziehende und in fast jedem Bereich einsetzbare Tiere.

Ähnliche Rassen

Belgischer Schäferhund, Beauceron

Größe

Rüde ..... 58–66 cm

Hündin .. 56–64 cm

Herkunft

Die Rasse wurde im 19. Jahrhundert in Deutschland gezüchtet, als Hütehunde benötigt wurden, um die großen Schafherden zu treiben und zu kontrollieren. Im Endeffekt entstand aus Kreuzungen verschiedener Hütehunde der perfekte Hund. Trotz seines wolfsähnlichen Aussehens steht der Pekingese dem Wolf aber genetisch näher als der Deutsche Schäferhund!

Deutschland

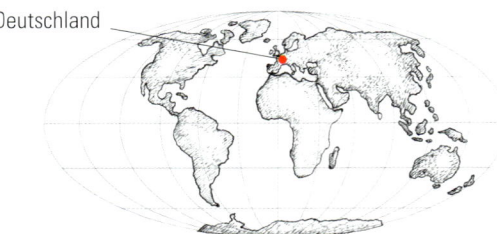

ENGLISH FOXHOUND
RÜDE

Bei der Jagd ist der FOXHOUND ein Laufhund, der an die Grenzen seiner Belastung geht, aber genau dafür und den Einsatz als Meutehund wurde er jahrhundertelang gezüchtet. Er verträgt sich mit den meisten Artgenossen und verhält sich auch gegenüber Menschen meist freundlich. Allerdings erwacht sein Jagdinstinkt bei allen kleinen Wesen mit Fell.

Merkmale

Der Foxhound ist ein stabil gebauter Hund mit geradem Rücken, langem Hals und runden Pfoten. Die Rute wird keck über dem Rücken getragen. Beim kurzen Fell sind alle Jagdhundfarben zugelassen, vorzuziehen sind aber die traditionellen Farben Weiß, Loh und Schwarz.

Nutzung

Hauptaufgabe dieser Hunde ist die Fuchsjagd. Sie eignen sich nur bedingt als Begleithunde, da sie auch im Haus aktiv und laut (ja, Hunde bellen!) sind. Erziehung ist für sie ein Fremdwort! Außerdem sind kleinere Tiere selten vor ihnen sicher, man kann sie kaum mit anderen Haustieren halten. Sie sind in allererster Linie Meutehunde.

Ähnliche Rassen

Hamiltonstövare, Beagle

Größe

Rüde ..... 64–69 cm

Hündin .. 58–64 cm

Herkunft

Der Foxhound wurde in England als Meutehund für Fuchsjagden gezüchtet und ist in dieser Hinsicht ein echter Spezialist. Die Rasse lässt sich bis ins 18. Jahrhundert zurückverfolgen, genau genommen lassen sich die meisten Foxhound-Ahnentafeln sogar lückenlos bis in diese Zeit erstellen, da die Besitzer jeder Meute sorgfältig geführte Aufzeichnungen hinterließen.

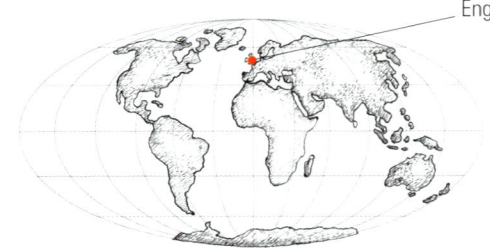

England

DEUTSCHER SPITZ

RÜDE

Den Deutschen Spitz gibt es in zwei Größen – Mittelspitz und Kleinspitz –, die sich in nichts außer in diesem Aspekt unterscheiden. Die ursprünglichen Spitze aus Deutschland waren eher große Hunde, die von nördlichen Rassen abstammten. Versuche, ihre Größe zu verringern, endeten im Zwergspitz (Pomeranian).

Merkmale

Der Deutsche Spitz ist ein stämmig aussehender Hund mit kleinen, dreieckigen Stehohren und dunklen, ovalen Augen. Seine Pfoten ähneln Katzenpfoten, die buschige Rute wird geringelt über dem Rücken getragen. Er hat ein doppeltes Haarkleid: dicke, wattige Unterwolle und langes, gerade abstehendes Deckhaar, das in einer Vielfalt von Farben und Abzeichen zu finden ist.

Nutzung

Der Deutsche Spitz ist ein intelligenter, aktiver Hund, der seiner Familie treu ergeben ist. Aufgrund dessen, seines fröhlichen Wesens und seiner Selbstsicherheit ist er ein ausgezeichneter Begleit- und Wachhund.

Ähnliche Rassen

Zwergspitz (Pomeranian), Japan-Spitz

Größe

Mittelspitz ... 30,5–38 cm

Kleinspitz ..... 23–28 cm

Herkunft

Diese Spitze sind die Nachfahren deutscher Hunde. Die Umkehrung des Verkleinerungsprozesses fand vornehmlich in den 1970er Jahren in Großbritannien statt. Seitdem gibt es dort zwei Größen von Pomeranians.

Deutschland

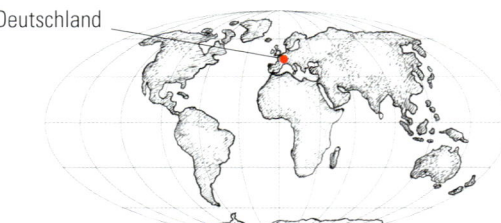

FRANZÖSISCHE BULLDOGGE

RÜDE

Auch wenn ihre Vorfahren aus England stammen, begann die FRANZÖSISCHE BULLDOGGE ihr Leben auf dem Land in Frankreich. Als sich aber Geschichten ihres unkonventionellen Aussehens bis Paris verbreiteten, wurden sie dort zu Modehunden. Manchmal finden sich noch Ansichtskarten, auf denen leicht gekleidete Damen mit ihren „Bouledogues Français" posieren.

Merkmale

Die Französische Bulldogge ist ein entzückender Gesellschafts-hund – mit einem stumpfnasigen Gesicht, einer kurzen Rute und weichem, kurzem Haarkleid. Auch wenn sie zu den kleineren Rassen zählt, sind die Tiere doch sehr muskulös mit solidem Knochenbau und kräftigen Gliedmaßen. Das Fell kann falbfarben (Fauve), gestromt oder gescheckt sein.

Nutzung

Ein freundlicher, gutmütiger und verspielter Hund, ideal als liebevoller Begleit- und Familienhund. Als Ergebnis seiner ländlichen und städtischen Vergangenheit ist er in Dörfern und Städten ebenso glücklich und zufrieden wie auf dem Land.

Ähnliche Rassen

Boston Terrier, Boxer

Größe

Rüde ..... 30,5 cm

Hündin .. 30,5 cm

Herkunft

Die Rasse stammt ursprünglich von einer Miniaturversion der Britischen Bulldogge, die bei den Herstellern von Spitze im englischen Nottingham beliebt waren. Während der industriellen Revolution zogen viele mit ihren Hunden nach Frankreich, wo sich die Rasse veränderte, möglicherweise unter Einbeziehung von Boxer und Terrier. So entstand die heutige Französische Bulldogge.

Frankreich

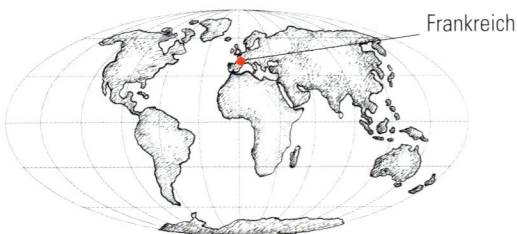

ALASKAN MALAMUTE
RÜDE

Er ist der größte und älteste der arktischen Schlittenhunde: der ALASKAN MALAMUTE. Er wurde erst im 19. Jahrhundert entdeckt, als russische Forscher Alaska besuchten und beeindruckt waren von diesen unglaublichen Hunden und deren engen Beziehung zur heimischen Bevölkerung.

Merkmale

Der Alaskan Malamute ist ein kräftig gebauter Hund mit starken, muskulösen Läufen und tiefem Brustkorb. Sein Deckhaar ist rau mit dichter Unterwolle, die gut behaarte Rute wird über dem Rücken getragen. Er hat braune, mandelförmige Augen und kleine dreieckige Stehohren, die bei der Arbeit nach hinten gefaltet werden. Die Farben variieren von Hellgrau bis Schwarz und von Sable bis zum entsprechenden Rotton.

Nutzung

Sie sind in allererster Linie Arbeitstiere, obwohl man sie auch als Begleithunde, für Canicross und Schlittenrennen verwendet. Sie sind liebevolle, anhängliche Tiere und lernen schnell, haben aber besondere Bedürfnisse im Hinblick auf Bewegung, Erziehung und Pflege.

Ähnliche Rassen

Siberian Husky, Kanadischer Eskimohund

Größe

Rüde ..... 64–71 cm

Hündin .. 58–66 cm

Herkunft

Der Alaskan Malamute ist nach den Mahlemuts, einem Stamm der Inuit, benannt. Die Rasse war lange vor der Beeinflussung von außen geschützt – aber als Hundeschlittenrennen Ende des 19. Jahrhunderts beliebt wurden, wurde sie mit kleineren, schnelleren Hunden gekreuzt und war fast ausgestorben. Zwei US-amerikanische Liebhaber belebten die Rasse neu.

USA

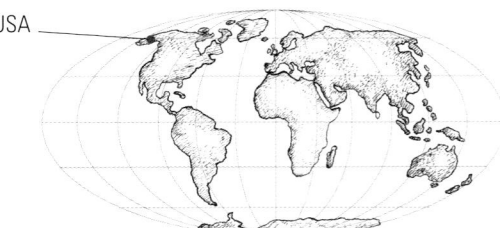

GRIFFON BRUXELLOIS

RÜDE

Der GRIFFON BRUXELLOIS (oder Brüsseler Griffon) ähnelt einer Mischung aus Terrier und Affe. Seine Geschichte ist die „vom Tellerwäscher zum Millionär", da seine Vorfahren die belgischen Experten in der Ungezieferbekämpfung waren, die in den Stadtställen die Ratten töten sollten. Aber als die belgische Königin Marie-Henriette sie 1870 „entdeckte", wurden sie schnell zum Adelshund.

Merkmale

Die kleinen, fast quadratischen Gesellschaftshunde haben einen geraden Rücken, kurzes und drahtiges Haar und einen relativ großen Kopf mit flachem Gesicht. Sie haben große schwarze Augen, ein auffällig behaartes Kinn und einen fast menschlich wirkenden Gesichtsausdruck. Ihre Katzenpfoten sind rund mit schwarzen Krallen. Das Haar des Griffon Bruxellois kann rot, schwarz, braun oder lohfarben sein.

Nutzung

Heutzutage werden sie zumeist als Begleithunde genutzt. Ihr Instinkt als Rattenfänger ist aber geblieben, so sind sie verspielte, neugierige kleine Hunde, die nicht viel Auslauf benötigen.

Ähnliche Rassen

Affenpinscher, Norfolk Terrier

Größe

Rüde ..... 18–20 cm

Hündin .. 18–20 cm

Herkunft

Die Rasse wurde in Belgien durch Kreuzungen zwischen Affenpinschern und belgischen Straßenhunden (die Fox Terriern ähnelten) gezüchtet. Die Tiere lebten vor allem in den Ställen, waren aber tagsüber häufig in den Droschken zu finden, die durch die Städte fuhren – so erlangten sie eine gewisse Popularität.

Belgien

MANCHESTER TERRIER

RÜDE

Der MANCHESTER TERRIER gehört zu den weltweit ältesten Terrierrassen. Wie viele Hunde wurde er nach der Gegend benannt, in der die Rasse erstmals gezüchtet wurde. In der englischen Stadt Manchester waren Mitte des 19. Jahrhunderts die hygienischen Zustände katastrophal – überall gab es Ratten. Dieser neue Terrier entwickelte sich schnell zum Rattenfänger par excellence.

Merkmale

Der Manchester Terrier hat schwarze, funkelnde, mandelförmige Augen, kleine v-förmige Ohren und einen langen, schmalen, keilförmigen Kopf auf einem langen, schlanken Hals. Der Rücken ist leicht gewölbt, der Brustkorb tief. Die Läufe sind gerade und muskulös, die Pfoten kompakt. Manchester Terrier sind immer tiefschwarz mit mahagoniähnlicher Lohfarbe.

Nutzung

Die Hunde werden als Begleithunde eingesetzt, haben aber ihren Jagdinstinkt erhalten. Heutzutage ist die Rasse sehr selten, sodass sie in Großbritannien auf der Liste der gefährdeten Rassen steht. Das war früher ganz anders: Der Hund war so beliebt, dass er als „Gentleman's Terrier" bezeichnet wurde.

Ähnliche Rassen

Zwergpinscher, Deutscher Pinscher

Größe

Rüde ..... 41 cm

Hündin .. 38 cm

Herkunft

Die Rasse wurde in England gezüchtet, durch Kreuzung des traditionellen schwarz-lohfarbenen Terriers des 19. Jahrhunderts mit dem Whippet, von dem er die Schnelligkeit hat. Während die meisten Terrier im ländlichen Bereich die Ratten fingen, war dieser speziell für die Arbeit in der Stadt gedacht. Der Manchester Terrier ist ein wahrer Terrier, obwohl er wie ein kleiner Dobermann aussieht.

England

PULI

HÜNDIN

Mit seinem zu Schnüren verfilzten Haarkleid ist der PULI ein ungewöhnlich aussehender Hund. Die ungarischen Schafhirten verwendeten die Hunde normalerweise paarweise mit anderen Hirtenhunden wie dem Komondor, der ähnlich aussieht. Die Pulis wurden jeden Sommer gleichzeitig mit den Schafen geschoren.

Merkmale

Er ist ein kräftiger, muskulöser Hund, der von der Seite gesehen quadratisch aussehen sollte. Unter dem Haarkleid hat er einen kleinen Kopf mit mittelgroßen dunkelbraunen Augen. Die Ohren sind v-förmig und etwa halb so lang wie der Kopf. Das auffälligste Merkmal ist das zu Schnüren verfilzte Haarkleid in Schwarz, Schwarz mit Grau, Grau oder Falbfarben. Es ist wasserabweisend und schützt den Hund vor schlechtem Wetter.

Nutzung

Der Puli ist ein temperamentvoller und intelligenter Hund, der Fremden gegenüber etwas vorsichtig ist. Er wird meist als Begleithund genutzt. Es gibt keinen Grund (außer seinem Haarkleid), warum er nicht an Agility- oder Obedience-Prüfungen teilnehmen sollte.

Ähnliche Rassen

Bergamasker Hirtenhund, Komondor

Größe

Rüde ..... 41–44 cm

Hündin .. 37–41 cm

Herkunft

Es ist eine sehr alte Rasse, die mindestens seit dem 9. Jahrhundert eingesetzt wurde, um die Schafe auf den ungarischen Ebenen zu hüten. Sehr lange wurde er dort nur reinrassig gezüchtet. Man nimmt an, die Vorfahren des Puli könnten aus Asien stammen und mit den Tibet-Terriern verwandt sein.

Ungarn

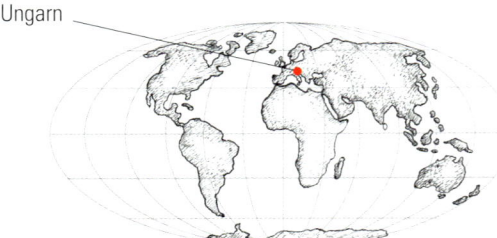

GOLDEN RETRIEVER

HÜNDIN

Der GOLDEN RETRIEVER ist einer der beliebtesten Begleithunde weltweit. Die Rasse wurde im frühen 20. Jahrhundert in Schottland gezüchtet und 1903 erstmals vom Kennel Club erfasst. Ziel der Züchtung war der ideale Jagdgebrauchshund, in erster Linie um Wasservögel zu apportieren (englisch: to retrieve).

Merkmale

Der mittelgroße bis große Hund ist zuallererst an seinem glatten oder welligen goldenen Haarkleid zu erkennen, das auch an Läufen und Rute zu finden ist. Er hat einen breiten Schädel, dunkelbraune Augen, einen harmonischen Körper mit geradem Rücken und kräftige Läufe. Er bewegt sich kraftvoll. Alle Gold- oder Cremeschattierungen sind zugelassen.

Nutzung

Der Golden Retriever ist ein leicht zu erziehender Hund, freundlich zu allen. Er ist ein ausgezeichneter Familienhund und erledigt alle möglichen Arbeiten: als Assistenzhund für Behinderte, als Spür- und Rettungshund, bei Obedience- und Agility-Prüfungen sowie in seinem ursprünglichen Job als Apportierhund bei der Jagd.

Ähnliche Rassen

Labrador Retriever, Flat Coated Retriever

Größe

Rüde ..... 56–61 cm

Hündin .. 51–56 cm

Herkunft

Die Rasse wurde auf dem Anwesen von Lord Tweedmouth im schottischen Guisachan, nahe Inverness, gezüchtet – unter Zuhilfenahme von Flat Coated Retriever, Tweed Water Spaniel und Irish Setter, nachdem der Lord den einzigen gelben Welpen eines Wurfs von schwarzen Wavy Coated Retrievern, die einem Schuster (oder einem Zirkus?) aus Brighton gehörten, gekauft hatte.

Schottland

NORFOLK TERRIER

RÜDE

Der Norfolk Terrier ist eine relativ junge Rasse, die in Großbritannien 1964, in den USA erst 1979 anerkannt wurde. Bis zu diesem Zeitpunkt wurden die kippohrigen Hunde in einer Klasse mit der stehohrigen Variante als Norwich Terrier geführt.

Merkmale

Der Norfolk Terrier ist einer der kleinsten Terrier, kompakt und kräftig mit guter Substanz. Er hat einen breiten, keilförmigen Kopf mit ovalen Augen, die entweder dunkelbraun oder schwarz sind, und v-förmigen, nach vorne kippenden Ohren. Das Haarkleid ist hart, drahtig und gerade und in allen Schattierungen von Rot, Weizen, Schwarz mit Loh oder Grizzle (grau meliert) zugelassen.

Nutzung

Anders als einige andere Terrier sind Norfolks liebenswerte, unkomplizierte Familien- oder Begleithunde. Ihre Kippohren lassen sie sanfter aussehen als ihre nahen Verwandten, die Norwich Terrier. Für viele sind sie einfach hübscher. Manchmal sieht man sie in Agility-Prüfungen.

Ähnliche Rassen

Norwich Terrier, Cairn Terrier

Größe

Rüde ..... 25,5 cm

Hündin .. 23 cm

Herkunft

Die Geschichte dieser Rasse beginnt in der englischen Universität Cambridge in den 1870er Jahren, als es bei Studierenden schick wurde, einen Terrier zu besitzen. Sie kauften die Hunde in einem Pferdestall, der nahe den Colleges lag. Einer kam zu dem Besitzer eines Stalles nahe Norwich und wurde der Begründer dieser neuen Rasse.

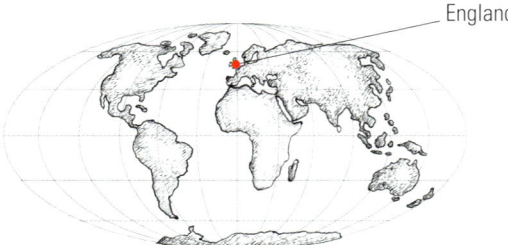

England

AMERICAN COCKER SPANIEL

HÜNDIN

In Großbritannien und den USA ist der AMERICAN COCKER SPANIEL der kleinste Hund in der Klasse der Jagdgebrauchshunde. Allerdings gibt es Diskussionen darüber, ob der englische oder amerikanische der „echte" Cocker Spaniel ist. In den USA heißt diese Rasse Cocker Spaniel, die englische Version English Cocker Spaniel. In Großbritannien ist es genau umgekehrt!

Merkmale

Der amerikanische Cocker ist die kleinere, auffälligere Version seines englischen Cousins. Während er einen kürzeren Fang und einen rundlicheren Kopf hat, teilen beide die gleichen langen Ohren, den stark befederten Körper und das seidige, mittellange bis lange Haarkleid. Der amerikanische Cocker kann schwarz, schwarz mit Loh-Abzeichen, cremefarben, rot oder braun sein. Etwas Weiß ist erlaubt.

Nutzung

Er ist ein liebevoller Begleit- und Familienhund, der einfach und problemlos zu erziehen ist. Wenn er sich konzentriert, ist er überall hervorragend. Trotz seines fröhlichen Wesens kann er gelegentlich sehr stur sein.

Ähnliche Rassen

English Cocker Spaniel, Cavalier King Charles Spaniel

Größe

Rüde ..... 35,5–40 cm

Hündin .. 34–38 cm

Herkunft

Diese amerikanische Rasse lässt sich angeblich bis ins Jahr 1620 und die Landung der Mayflower in der „Neuen Welt" zurückverfolgen. Damals brachten Siedler English Cocker Spaniels mit. Ursprünglich wurden die Cocker gezüchtet, um Wildgeflügel aufzustöbern und zu apportieren.

USA

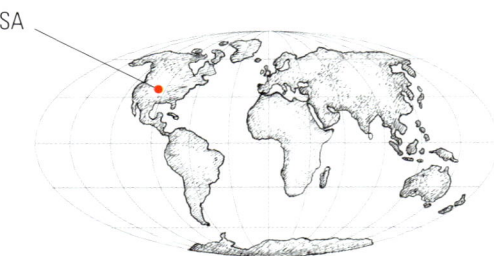

GREYHOUND

RÜDE

Als weltweit schnellster Hund kann der GREYHOUND Geschwindigkeiten über 60 km/h erreichen. Zeit seiner Geschichte wurde er benutzt, um als Hetzjäger alle möglichen Tiere zu jagen. Heute wird er nur noch auf der Rennbahn eingesetzt. Die ersten Rennen mit Attrappen fanden 1876 nahe London statt, setzten sich aber erst in den 1920er Jahren durch.

Merkmale

Der Greyhound ist ein kräftig gebauter, aber schmaler Hund mit langem Kopf und Hals, tiefem Brustkorb, leicht gewölbten Lenden, muskulöser Hinterhand und langen, kräftigen Läufen. Das feine, dichte Haarkleid kann schwarz, weiß, rot, blau, bräunlich rotgelb, sandfarben, gestromt oder jede dieser Farben mit Weiß sein.

Nutzung

Diese Rasse wird als Begleit- und Rennhund eingesetzt, wobei die meisten Begleithunde ihr „Arbeitsleben" im Rennsport beginnen. In vergangenen Jahrhunderten war die Rasse so wertvoll, dass es dem „gemeinen Volk" nicht gestattet war, ein Tier zu besitzen, nur Mitglieder des Königshauses und des Adels durften mit Greyhounds jagen.

Ähnliche Rassen

Whippet, Sloughi

Größe

Rüde ..... 71–76 cm

Hündin .. 69–71 cm

Herkunft

Dies ist eine alte englische Rasse mit einer Geschichte, die weiter zurückreicht als viele andere. Sie wurde schon vor 6000 Jahren auf Kunstwerken dargestellt. Der Name des Hundes könnte vom angelsächsischen Wort „grei" (wunderschön) stammen oder nur eine Ableitung von „Great Hound" sein.

England

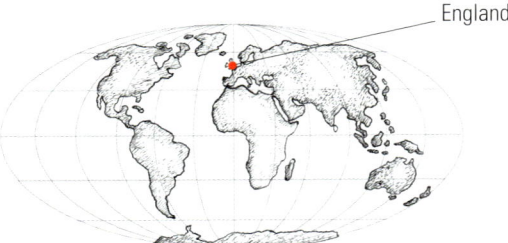

BOSTON TERRIER

HÜNDIN

Der BOSTON TERRIER lässt sich bis in die Zeit nach dem amerikanischen Bürgerkrieg zurückverfolgen und entstand in der Welt der Hundekämpfe und Stierhetze. Er begann als eine Kreuzung aus English Bulldog und White English Terrier, später wurden zur Verbesserung Französische Bulldoggen eingekreuzt. Die Rasse wurde erstmals 1888 ausgestellt und 1893 vom AKC anerkannt.

Merkmale

Obwohl er Terrier heißt, ist er überhaupt kein Terrier. Mit dem kurzen Körper, flachen Gesicht und quadratischen Kopf, großen Augen, fledermausartigen Ohren und dem weichen, kurzen Haarkleid ist er ein auffälliger, eleganter und beliebter Hund. Der Boston Terrier kann entweder schwarz oder gestromt mit weißer Zeichnung sein.

Nutzung

Der freundliche, gutmütige Hund ist ein ausgezeichneter Gefährte, kontaktfreudig sowie ausgesprochen anhänglich und loyal gegenüber seinem Besitzer. Als Familienhunde sollten sie an allen Aktivitäten beteiligt werden. Sie sind leicht zu erziehen, manchmal aber etwas stur – und sie schnarchen!

Ähnliche Rassen

Französische Bulldogge, Boxer

Größe

Rüde ..... 38–43 cm

Hündin .. 38–43 cm

Herkunft

Dies ist die erste nachweislich in den USA gezüchtete Rasse, natürlich in Boston, Massachusetts. Der Stammvater der Rasse – ein Hund namens Hooper's Judge – war allerdings im englischen Liverpool geboren und in den 1870er Jahren über den Atlantik verschifft worden. Gelegentlich wird der Boston Terrier als „amerikanischer Gentleman" bezeichnet.

USA

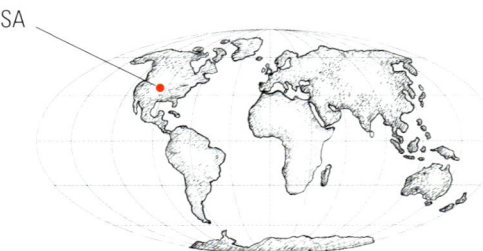

BICHON FRISÉ

HÜNDIN

Der BICHON FRISÉ wurde ursprünglich als Schoßhund für die Damen des spanischen Adels gezüchtet. Er war zwischen dem 16. und 19. Jahrhundert an den Höfen Spaniens und Frankreichs äußerst gern gesehen, fiel dann aber in Ungnade. Seine Arbeit als Zirkushund rettete ihn vor dem Aussterben und seit den späten 1950er Jahren wächst seine Beliebtheit wieder.

Merkmale

Obwohl er eher klein ist, ist der Bichon frisé ein ziemlich stämmiger, quadratischer Hund mit feinen, seidigen Korkenzieherlocken, die regelmäßig gebürstet und gekämmt werden müssen, um nicht zu verfilzen. Im Gegensatz dazu stehen die dunklen, runden Augen mit den dunklen Lidern. Der Nasenschwamm ist groß, rund, schwarz und glänzend. Der Bichon frisé ist immer weiß.

Nutzung

Der Bichon ist ein gutmütiger, freundlicher, selbstbewusster Hund, der mit allen Familienmitgliedern (auch anderen Hunden und Katzen) gut auskommt. Demzufolge ist er ein guter Begleithund. Außerdem ist er clever und kann sich trotz seiner geringen Größe bei Obedience- und Agility-Prüfungen hervortun.

Ähnliche Rassen

Bologneser, Malteser

Größe

Rüde ..... 24–29 cm

Hündin .. 23–28 cm

Herkunft

Der Bichon frisé stammt ursprünglich von der Insel Teneriffa und war die kleine Ausgabe eines spanischen Wasser-Spaniels namens Barbet. Der Name Bichon ist eine Verkürzung von Barbichon (kleiner Barbet), die Rasse hieß ursprünglich Bichon Ténériffe und heißt heute auch Bichon à poil frisé.

Spanien

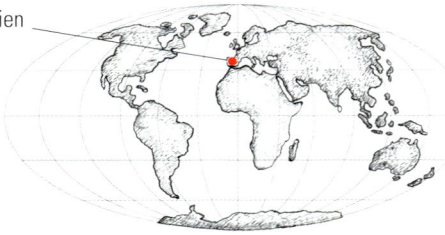

BORDEAUX-DOGGE

HÜNDIN

Dieser kräftige und muskulöse Molosser (Mastiff-Typ) kommt aus Frankreich und war seit dem 17. Jahrhundert in der Lage, alles zu besiegen, was ihm in die Quere kam. Die BORDEAUX-DOGGE war als Wach- und Jagdhund sehr geschätzt und wurde eingesetzt, um Bullen, Bären und Wildkatzen zu hetzen sowie Viehherden und die Häuser ihrer Besitzer zu bewachen.

Merkmale

Die Bordeaux-Dogge ist leicht an ihrem mächtigen Kopf mit den ausgeprägten Wangenmuskeln, ovalen Augen, kleinen Ohren und dem stämmigen, muskulösen Körper zu erkennen. Sie wirkt imposant, aber auch athletisch. Ihr feines, weiches Haarkleid kann in allen Schattierungen von Falbfarben bis Mahagoni auftreten, dabei sind weiße Flecken auf der Brust gestattet. Die Dogge kann auch eine dunkle Maske haben.

Nutzung

Trotz ihrer furchterregenden Vergangenheit haben sich die Bordeaux-Doggen über die Jahre – und nachdem sie vom Untergang bedroht waren – zu kleineren und liebevolleren Tieren entwickelt. Sie sind anhängliche Begleiter und wenn nötig immer noch gute Wachhunde.

Ähnliche Rassen

Bullmastiff, Bulldogge

Größe

Rüde ..... 60–68 cm

Hündin .. 57,5–66 cm

Herkunft

Die Geschichte dieser französischen Rasse liegt im Dunkel. Es gibt verschiedene Theorien, manche verbinden sie mit dem Tibetmastiff, andere mit alten Hunderassen aus Aquitanien. Die Rasse ist auch als französischer Mastiff bekannt, in Frankreich selbst hieß sie lange nur Dogue. In Deutschland ist ihre Haltung mit besonderen Auflagen verbunden.

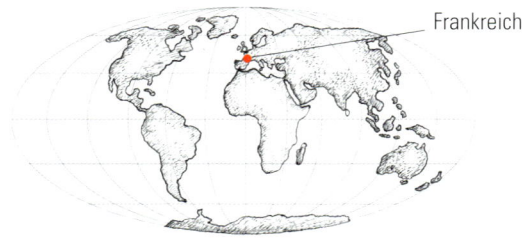

Frankreich

KANADISCHER ESKIMOHUND
RÜDE

Der KANADISCHE ESKIMOHUND ist ein alter Schlittenhund, gezüchtet, um mit unglaublicher Kraft und Ausdauer Distanzrennen zu bestreiten. Einst war er weit verbreitet – und überlebt als eine der ältesten Hunderassen Kanadas seit über 4000 Jahren –, aber die Erfindung von Schneemobilen und schnellere Rassen haben dazu geführt, dass er heute eher selten ist.

Merkmale

Er ist ein typischer Hund vom Typ Spitz mit kräftigem Hals und breiter Brust – insgesamt eine stattliche und kraftvolle Erscheinung. Er hat kurze, dreieckige Ohren, einen geraden, muskulösen Rücken, runde Pfoten und eine lange, buschige Rute, die über dem Rücken getragen wird. Das dicke, dichte Haarkleid kann jede Farbe und Zeichnung haben.

Nutzung

Es ist eine Rasse, die nur bedingt als Haustier geeignet ist, obwohl sie freundlich und nicht aggressiv gegenüber Menschen ist. Aber der Eskimohund hat seinen Jagdinstinkt behalten, daher wird er meist als Schlittenhund eingesetzt. Außerdem wurde er für ein Leben im arktischen Winter und nicht mit Zentralheizung gezüchtet.

Ähnliche Rassen

Siberian Husky, Alaskan Malamute

Größe

Rüde ..... 64–69 cm

Hündin .. 53–61 cm

Herkunft

Ursprünglich stammt der Eskimohund aus Kanada und wird gelegentlich als American Husky bezeichnet, um ihn vom Siberian Husky zu unterscheiden. Er heißt auch Inuit Sled Dog oder Canadian Inuit Dog, Qimmiq oder Kinmik. Die Rasse ist in Kanada beliebt, anderswo eher selten zu finden und nicht vom FCI anerkannt.

Kanada

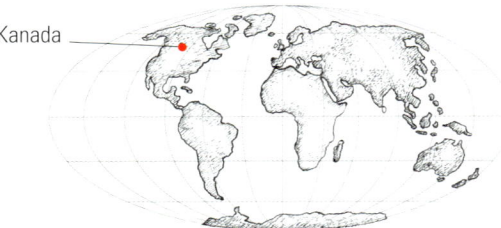

SCHWEDISCHER VALLHUND

HÜNDIN

Der schwedische Name des VALLHUNDES lautet Västgötaspets – übersetzt „Westgotenspitz". Vallhund an sich bedeutet einfach Hütehund. Er war ein vielseitiger Hofhund, hoch geschätzt und stark genug, um im Västergotland im Südwesten von Schweden als Treib- und Hütehund bei den Viehherden zu arbeiten und sie mit „Fersenbissen" in die richtige Richtung zu bewegen.

Merkmale

Der Schwedische Vallhund ist ein kleiner, stämmig gebauter Hund mit spitzen Stehohren und ovalen, wachsamen, dunkelbraunen Augen. Der Vallhund hat ein wolfsähnliches Haarkleid, das stahlgrau, graubraun, rotgelb und rotbraun sein darf. Helleres Haar, aber in den gleichen Farbtönen wie oben, darf an verschiedenen Stellen vorkommen. Auch weiße Abzeichen sind erlaubt.

Nutzung

Der Vallhund ist ein guter Begleithund und einige Tiere haben sich auch im Hundesport – Agility, Obedience und Flyball – bewährt. Sie sind wachsam und energisch, ferner ausgezeichnete Familienhunde, da sie Kinder lieben.

Ähnliche Rassen

Corgi, Lancashire Heeler

Größe

Rüde ..... 33–35 cm

Hündin .. 30,5–33 cm

Herkunft

Der Schwedische Vallhund ist ursprünglich eine alte Rasse vom Typ Spitz, die möglicherweise bis in die Wikingerzeit zurückreicht. Im 8. Jahrhundert scheinen diese Hunde nach Wales gebracht worden zu sein oder Welsh Corgis wurden nach Schweden eingeführt – jedenfalls zeigen die beiden Rassen verblüffende Ähnlichkeiten.

Schweden

SHIH TZU

RÜDE

Der Name dieser Rasse bedeutet „Löwenhund", er wird aber häufig auch „Chrysanthemenhund" genannt. Zur Zeit der chinesischen Ming-Dynastie war der Shih Tzu ein beliebter Schoßhund, der von den Hofdamen in ihren weiten Ärmeln herumgetragen wurde.

Merkmale

Der ursprüngliche chinesische Rassestandard für den Shih Tzu muss der romantischste sein, der je geschrieben wurde. Er besagt (unter anderem), dass er den Kopf eines Löwen haben muss, das Gesicht einer Eule, die Augen eines Drache, die Zunge wie ein Blütenblatt der Pfingstrose, Zähne wie Reiskörner, Ohren wie Palmblätter, den Rücken eines Tigers, die Rute eines Phönix und die Bewegungen eines Goldfischs. Sofern er diese Anforderungen erfüllt, darf der Shih Tzu jede Farbe haben!

Nutzung

Der Shih Tzu war – und ist noch immer – ein Begleithund. Er ist ein fröhlicher, freundlicher, extrovertierter Hund, der das Leben liebt. Er strolcht gerne durch die Landschaft und rollt sich ebenso gerne als Schoßhund zusammen.

Ähnliche Rassen

Lhasa Apso, Pekingese

Größe

Rüde ..... 20–26,5 cm

Hündin.. 20–25,5 cm

Herkunft

Er hat seine Ursprünge im 7. Jahrhundert (oder noch früher) in China, wurde aber bis ins 20. Jahrhundert vom Westen ferngehalten. Vermutlich ist er eine Kreuzung zwischen dort beheimateten Pekingesen und Lhasa Apsos, die aus den großen tibetischen Klöstern als Geschenk an den chinesischen Hof mitgebracht wurden.

China

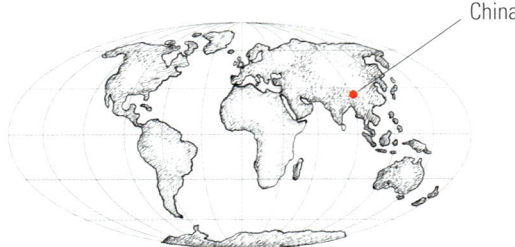

ENGLISH SPRINGER SPANIEL

RÜDE

Der ENGLISH SPRINGER SPANIEL ist ein fröhlicher Hund, dessen Rute niemals stillzustehen scheint. Sein ursprünglicher Job war, das Wild aufzustöbern, damit es von den Jägern geschossen werden konnte. Schnell erkannte man, dass er tatsächlich der perfekte Hund dafür war: Er konnte auch in die dichtesten Hecken und Wälder eindringen.

Merkmale

Dieser Spaniel ist ein kompakter, kräftiger und aktiver Hund mit mittelgroßen, mandelförmigen Augen und langen, in Augenhöhe angesetzten Ohren. Sein Haarkleid ist dicht, glatt und wetterresistent mit Befederung an Ohren, Vorderläufen, Körper und Hinterhand. Mögliche Farben sind Leberbraun und Weiß, Schwarz und Weiß oder jede dieser Farben mit Loh-Abzeichen.

Nutzung

Die Hunde sind (bei ausreichender Bewegung) großartige Gefährten für eine aktive Familie, freundlich zu jedem und bereit, an allen Familienaktivitäten teilzunehmen. Sie können auch bei Agility-Prüfungen glänzen. Springer Spaniel werden in England noch stets als Jagdhunde eingesetzt.

Ähnliche Rassen

Field Spaniel, Cocker Spaniel

Größe

Rüde ..... 51 cm

Hündin .. 48 cm

Herkunft

Er ist der größte der britischen Land Spaniels und wurde im 17. Jahrhundert in England gezüchtet. Über die Jahre hat er sich nur wenig verändert und ist dem ursprünglichen Typ treu geblieben. Diese Spanielrasse ist in England nach dem Cocker Spaniel die zweitbeliebteste.

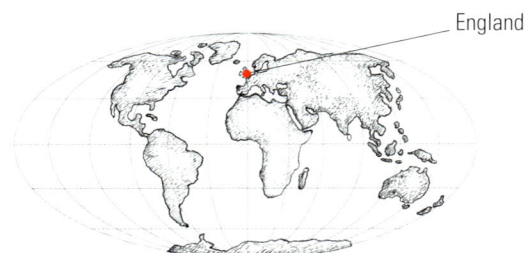

England

CHIHUAHUA

RÜDE

Obwohl er weltweit die kleinste Hunderasse ist, hat der CHIHUAHUA eine starke Persönlichkeit. Es gibt zwei Varianten: den Kurzhaar- und den Langhaar-Typ. Allerdings glaubt man häufig, sie seien zwei verschiedene Rassen, und sie werden auch in separaten Klassen gezeigt. Die ersten Chihuahuas kamen aus Mexiko in die USA und wurden dort 1903 registriert.

Merkmale

Der Chihuahua hat den typischen apfelförmigen Schädel, große Augen, einen geraden Rücken und kleine, zarte Pfoten mit langen, gewölbten Krallen. Beim Langhaar-Typ sollte das Haarkleid weich und glatt oder leicht gewellt sein mit einer gefederten Rute. Bei der kurzhaarigen Varietät sollte es weich und glänzend sein, Unterwolle ist erlaubt. Beim Chihuahua sind alle Farben und Kombinationen außer Merle erlaubt.

Nutzung

Er ist ein Begleithund, in letzter Zeit aber als Modeaccessoire der Promis populär geworden – was weder dem Hund, der intelligent und gut erziehbar ist, noch den Menschen gerecht wird. Er wird nämlich leicht zum wichtigtuerischen Wachhund, der überglücklich ist, seine winzigen, aber treffsicheren Zähne zu benutzen!

Ähnliche Rassen

Kurzhaar: Zwergpinscher, Langhaar: Papillon

Größe

Rüde ..... 15–20 cm

Hündin .. 15–20 cm

Herkunft

Der Chihuahua stammt vermutlich aus Mexiko, wo Amerikaner ihn im späten 19. Jahrhundert aufspürten, er aber möglicherweise schon zur Zeit der Azteken existierte. Vielleicht kommt er auch aus Europa und stammt von mittelalterlichen Zwerghunden ab. Die Langhaar-Varietät stammt höchstwahrscheinlich aus den USA.

USA und Mexiko

DACKEL (ZWERG-DACHSHUND, KURZHAAR)
RÜDE

Der DACKEL, auch Dachshund oder Teckel genannt, wurde erstmals im 17. Jahrhundert für die Baujagd auf Dachse, Füchse und Kaninchen gezüchtet. Es gibt drei Größen: Standard, Zwerg- und Kaninchen-Dachshunde, außerdem drei Haartypen: Kurzhaar, Langhaar und Rauhaar. Alle teilen aber das Aussehen: Sie sind kurzläufig und lang gestreckt.

Merkmale

Der Dackel ist ein niedrig gebauter Hund mit einem langen, geraden Körper, kurzen Gliedmaßen und einer geringfügig gekrümmten Rute. Er hat mittelgroße, dunkle, mandelförmige Augen, abgerundete Ohren und stark entwickelte Kiefer. Trotz seiner Gestalt sollte der Körper einen ordentlichen Abstand zum Boden haben, sodass er sich frei bewegen kann. Es gibt Dackel in einer Vielzahl von Farben.

Nutzung

Heutzutage ist der Dackel vor allem ein Familien- und Begleithund, aber in den USA gibt es spezielle (und heftig umstrittene) Dackel-rennen (wiener racing). Der Zwerg-Dachshund gehört zu den Hunden mit der höchsten Lebenserwartung.

Ähnliche Rassen

Zwerg-Dachshund Langhaar, Zwerg-Dachshund Rauhaar

Größe

Rüde ..... 13–15 cm

Hündin .. 13–15 cm

Herkunft

Der Dachshund ist seit dem Mittelalter bekannt. Aus Bracken wurden fortlaufend Hunde gezüchtet, die besonders für die Jagd unter der Erde geeignet waren. Aus diesen niederläufigen Hunden kristallisierte sich der Dachshund heraus, der als eine der vielseitigsten Jagdgebrauchshunderassen anerkannt ist.

Deutschland

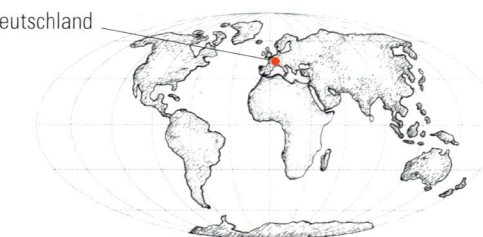

IRISH RED AND WHITE SETTER
HÜNDIN

Der Irish Red and Whiter Setter ist eine eigene Rasse, nicht nur ein andersfarbiger Irish Setter. Seit dem 17. Jahrhundert wurde er auf irischen Landgütern gezüchtet. Er ist ein kräftiger, athletischer Hund mit mehr Intelligenz als sein Cousin, der rassige Irish (Red) Setter, und auch älter.

Merkmale

Der rotweiße Setter hat einen tiefen Brustkorb, eine kraftvolle Hinterhand und eine sich allmählich zu einer feinen Spitze verjüngende Rute. Das Haarkleid ist lang und seidig, und er ist gut befedert, auch an der Rute. Der ganze Hund ist kompakter als sein Namensvetter. Die Farben sollten klar verteilt sein: Grundfarbe Weiß, mit nicht durchbrochenen roten Flächen auf Kopf und Körper.

Nutzung

Solange er ausreichend Bewegung bekommt, ist der Setter ein wunderbarer Begleithund, intelligent und liebenswert. Der Irish Red and White Setter ist ein großartiger Hund für eine aktive Familie, da er aufgrund seines freundlichen Wesens mit jedem gut auskommt. Darüber hinaus kann man ihn auch als Jagdgebrauchshund einsetzen.

Ähnliche Rassen

Irish Setter, Gordon Setter

Größe

Rüde ..... 66–74 cm

Hündin .. 64–71 cm

Herkunft

Er ist der älteste der irischen Setter, erfreut sich aber aus unerklärlichen Gründen keiner großen Beliebtheit. Er wurde ursprünglich in Irland für die jagdliche Arbeit gezüchtet.

Irland

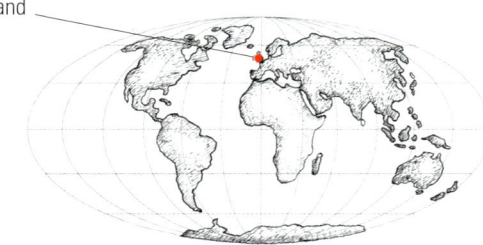

AKITA

RÜDE

Er stammt von nördlichen Spitzen ab und wurde im 17. Jahrhundert in Japan zu einem Kampfhund weiterentwickelt: der AKITA. Als Hundekämpfe nicht mehr gut angesehen waren, setzte man ihn als Wach- und Polizeihund, als Jagd- und Begleithund ein. Die Rasse erreichte 1937 die USA.

Merkmale

Der Akita ist die größte japanische Hunderasse, ein kräftiger, muskulöser Hund vom Typ Spitz. Man erkennt ihn leicht an seiner Größe und dem bärenartigen dicken Fell mit weicher, dichter Unterwolle und an der eingerollten Rute, die über dem Rücken getragen wird. Er hat dunkelbraune, mandelförmige Augen, dreieckige Ohren und einen großen, breiten Kopf. Mögliche Farben sind rot-falbfarben, sesam, gestromt und weiß.

Nutzung

Obwohl er als Begleithund oder manchmal als Wachhund eingesetzt wird, ist er am besten bei erfahrenen Besitzern aufgehoben, die verstehen, wie wichtig die Erziehung und Sozialisierung eines so kraftvollen und eigensinnigen Hundes ist. Akitas sind keine guten Familienhunde, vor allem weil sie „ihre" Kinder übermäßig beschützen.

Ähnliche Rassen

Elchhund, Alaskan Malamute

Größe

Rüde ..... 66–71 cm

Hündin .. 61–66 cm

Herkunft

Der Akita stammt aus Japan, wo er zu den Hunderassen gehört, die zum „Nationalschatz" erklärt wurden. Der Name der Rasse leitet sich von der felsigen Provinz Akita im Norden der Insel Honshu ab, wo sie erstmals gezüchtet wurde.

Japan

WOLFSSPITZ

HÜNDIN

Der WOLFSSPITZ, auch als Keeshond bekannt, stammt von den gleichen arktischen Vorfahren wie Samojede, Norwegischer Elchhund und Finnen-Spitz. Die Hunde dienten ursprünglich als Wachhunde auf Flussschiffen und Lastkähnen auf den niederländischen Kanälen und Flüssen.

Merkmale

Der Wolfsspitz ist ein ganz typischer Spitz mit einem leicht zugespitzten Fang, dreieckigen Stehohren und schräg gestellten, mandelförmigen, dunklen Augen mit schwarzen Lidern. Er hat ein dickes, dichtes Haarkleid mit gerade abstehendem Deckhaar und dichter Unterwolle. Die Rute ist häufig doppelt gerollt. Die Farbe dieser Rasse ist eine wolfsartige Mischung aus Grau- und Schwarztönen.

Nutzung

Der Wolfsspitz ist ein anhänglicher, gutmütiger Hund, extrovertiert und freundlich zu Menschen und anderen Hunden. Er ist intelligent und lernt schnell. Er dient hauptsächlich als Begleithund, kann aber auch als natürliches Frühwarnsystem eingesetzt werden, der seine Besitzer alarmiert, wenn Fremde sich nähern.

Ähnliche Rassen

Elchhund, Eurasier

Größe

Rüde ..... 46 cm

Hündin .. 43 cm

Herkunft

Der Wolfsspitz oder Keeshond hat seinen Ursprung im 18. Jahrhundert in den Niederlanden und wurde nach dem holländischen Patrioten Cornelius de Gyselaar – abgekürzt Kees – benannt. Er wurde zum Symbol der Niederländischen Patriotenpartei, geriet aber ebenso wie die Partei in Vergessenheit und war fast ausgestorben, bevor er in den 1920er Jahren wiederbelebt wurde.

Niederlande

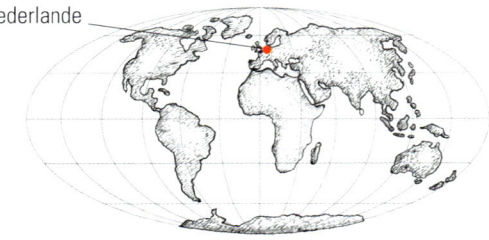

DALMATINER

RÜDE

Der erste Einsatz eines DALMATINERS wurde in England im Jahre 1791 verzeichnet: Sein einzigartiges Erscheinungsbild habe dazu geführt, dass er als Begleithund für die Kutschen des Adels sehr begehrt war. Die Rasse wurde so lange als Kutschenbegleithund eingesetzt, bis sie kaum mehr Schritt halten konnte, und die motorisierten Fahrzeuge sorgten für ein Ende dieser Karriere.

Merkmale

Dalmatiner sind die einzige Rasse, die wirklich getupft ist. Es sind kräftige, muskulöse Hunde mit einem kurzen, weißen Haarkleid und klar abgerundeten, schwarzen oder leberfarbenen Tupfen. Die Farbe des Nasenschwamms muss der Farbe der Tupfen entsprechen. Sie sollten einen kräftigen, langen Hals, einen geraden Rücken und eine tiefe und geräumige Brust besitzen. Die Gliedmaßen sind gerade und stark mit kräftiger Hinterhand.

Nutzung

Er ist ein aktiver Familienhund und hat nach wie vor ein großes Laufbedürfnis. Einst lief er neben den Kutschen, um den hohen Stand seines Besitzers anzuzeigen und – falls nötig – Reisende vor Straßenräubern zu schützen.

Ähnliche Rassen

Was die Gestalt betrifft: Weimeraner, Ungar. Vorstehhund (Vizsla)

Größe

Rüde ..... 58–61 cm

Hündin .. 56–58 cm

Herkunft

Man vermutet, ein Vorfahre des Dalmatiners sei der heute ausgestorbene Talbot Hound gewesen. Trotz des Namens hat diese englische Rasse keinerlei Verbindung zur dalmatinischen Küste. Der Dalmatiner ist einer der wenigen Hunde, die aufgrund ihres Aussehens und nicht ihrer Arbeitsqualitäten gezüchtet wurde – und der einzige Hund speziell als Kutschenbegleithund.

England

LABRADOR RETRIEVER

HÜNDIN

Der LABRADOR RETRIEVER ist die beliebteste Hunderasse der Erde. Der Hund ist so vielseitig, dass er außer seiner ursprünglichen Aufgabe – Wild aus dem Wasser zu apportieren – viele Jobs erledigen kann. Als Blinden- und Behindertenbegleithund sowie als Therapiehund hat er sich den größten Respekt erworben.

Merkmale

Der Labrador hat eine ständig wedelnde Rute, die oft als „Otterrute" umschrieben wird, sanfte, braune Augen und ein kurzes, dichtes, weiches Haarkleid, das entweder gelb, schwarz oder leber-/schokoladenfarben ist. Er bewegt sich frei und sieht immer freundlich aus – ebenso wie sein Aussehen ein typisches Merkmal der Rasse.

Nutzung

Der Labrador findet vielfältige Verwendung: als Begleithund, als Behindertenbegleithund und als Jagdgebrauchshund. Sein gutmütiges Wesen und seine Fähigkeit, mit Kindern gut zurechtzukommen, machen den Hund zu einem ausgezeichneten Familienhund. Die Kombination aus zu wenig Bewegung und zu viel Futter führt leider dazu, dass viele Labradors übergewichtig sind.

Ähnliche Rassen

Golden Retriever, Flat Coated Retriever

Größe

Rüde ..... 56–57 cm

Hündin .. 55–56 cm

Herkunft

Viele Leute glauben, der Labrador Retriever sei eine britische Rasse, aber er wurde ursprünglich von Fischern im kanadischen Neufundland gezüchtet. Nachdem sie mit Settern und anderen Retrievern verpaart worden waren, entwickelte sich die Rasse zum perfekten Apportierhund. Aber ihre Liebe zum Wasser haben sie sich erhalten.

Kanada

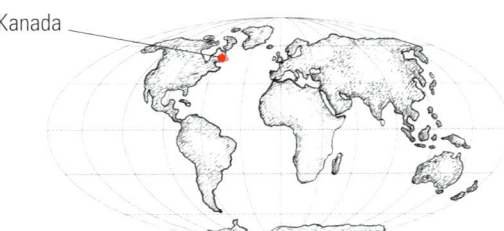

DEUTSCHE DOGGE

RÜDE

Die DEUTSCHE DOGGE ist die größte Hunderasse der Welt. Obwohl sie in ihrer jetzigen Form nur als Wachhund gearbeitet hat, waren ihre Vorfahren Kriegshunde, Kampfhunde und Jagdhunde. Heutzutage sind sie gutmütige Riesen, die für ihre Sanftmut gezüchtet werden: Ihr kräftiges Bellen ist viel schlimmer als ihr Beißen.

Merkmale

Die Dogge ist ein riesiger, muskulöser, eleganter Hund mit hoch erhobenem Kopf – insgesamt eine stolze, majestätische Erscheinung. Sie hat einen großen, kraftvollen Kopf, tief liegende, runde Augen und mittelgroße, dreieckige Ohren. Ihre langen Gliedmaßen sind ebenfalls kräftig und muskulös, so sind ihre Bewegungen geschmeidig und raumgreifend. Sie hat ein kurzes, dichtes, glattes Haarkleid in den Farben Gelb und Gestromt, Blau, Schwarz und Gefleckt.

Nutzung

Die Deutsche Dogge ist ein Begleithund, benötigt aber geduldige Besitzer, denn trotz ihres guten Naturells ist für sie nichts unerreichbar. Sie benötigt zudem aufgrund ihrer Größe viel Platz und Auslauf, ist aber für Wettbewerbe weniger geeignet.

Ähnliche Rassen

Irish Wolfhound, Deerhound

Größe

Rüde ..... 76 cm

Hündin .. 71 cm

Herkunft

Ursprünglich war die Dogge der Jagdhund mit dem größten Prestige, dann wurde sie größer und feiner weiterentwickelt. In anderen Sprachen nennt man die deutsche Rasse fälschlicherweise auch Dänische Dogge. Tatsächlich wurde die Rasse 1876 zum deutschen „Reichshund" erklärt. Sie wird gelegentlich auch als Deutscher Mastiff bezeichnet.

Deutschland

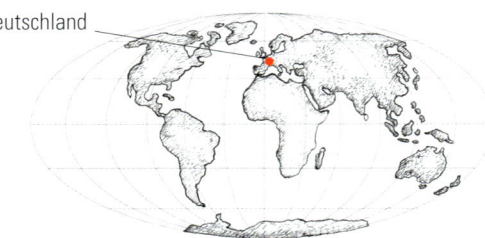

FIELD SPANIEL

RÜDE

Er ist einer der selteneren Spaniels und ein mittelgroßer Hund, der ursprünglich als Jagdgebrauchshund gezüchtet wurde, um alles, was Federn oder Fell hatte, aufzustöbern, aufzujagen und zu apportieren. Der FIELD SPANIEL zeichnete sich vor allem in unwegsamem Gelände und im Wasser aus. Mitte des 19. Jahrhunderts entwickelte sich die Rasse mehr in Richtung Schauhund.

Merkmale

Der Field Spaniel ist ein ausgewogener Jagdspaniel. Er hat den typischen Spanielkopf mit sanften, dunklen Augen und gut befederten Ohren. Sein Haarkleid ist lang, glatt und glänzend, mit reichlicher Befederung an der Brust, unter dem Körper und an der Rückseite der Läufe. Es kann schwarz, leberfarben oder geschimmelt sein sowie jede dieser Farben mit Loh-Abzeichen.

Nutzung

Der Field Spaniel ist vermutlich der sanfteste aller Spaniels und ein lebenslustiger Begleiter, demzufolge ein ausgezeichneter Familienhund für diejenigen, die auf dem Land leben und ihm genügend Bewegung gönnen. In England wird er häufiger als Jagdgebrauchshund eingesetzt.

Ähnliche Rassen

Springer Spaniel, Cocker Spaniel

Größe

Rüde ..... 46 cm

Hündin .. 46 cm

Herkunft

Die Rasse wurde ursprünglich Mitte des 19. Jahrhunderts in England gezüchtet, kam aber aus der Mode. Ihre Zukunft schien düster, als sich Mitte der 1960er Jahre Liebhaber entschlossen, die Rasse zu retten und sie wieder zu den Wurzeln zurückzubringen und nicht als Schauhund verkommen zu lassen. Mithilfe von Cocker und Springer Spaniels scheint die Zukunft nun gesichert.

England

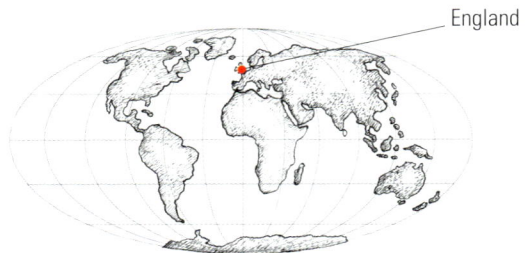

ZWERGSPITZ

HÜNDIN

Durch selektive Zucht entwickelte sich der ZWERGSPITZ, auch Pomeranian genannt, aus den größeren Spitzen. Er wurde in Großbritannien von Königin Charlotte eingeführt. Sie war die Gemahlin König Georgs III. und stammte aus Vorpommern im Nordosten von Deutschland. Später sorgte ihre Enkelin Königin Victoria dafür, dass diese kontaktfreudigen kleinen Spitze in Mode kamen.

Merkmale

Er ist der kleinste der Spitze, hat aber das gleiche typische Erscheinungsbild: den kompakten Körper, das lange, gerade Deckhaar und die dicke, wattige Unterwolle. Er hat auch das fuchsartige Gesicht und die buschig behaarte Rute, die über dem Rücken getragen wird. Der Zwergspitz kann jede Farbe haben.

Nutzung

Zwergspitze sind allseits beliebte Begleithunde und manchmal bei Agility-Prüfungen zu sehen. Ihre geringe Größe und ihr reizendes Erscheinungsbild machen sie – in Kombination mit ihrer Persönlichkeit und Sanftmütigkeit – zu ausgezeichneten Haustieren.

Ähnliche Rassen

Deutscher Spitz, Finnen-Spitz

Größe

Rüde ..... 18–20 cm

Hündin .. 18–20 cm

Herkunft

Die Rasse stammt aus Pommern, dem heutigen deutsch-polnischen Grenzgebiet an der Ostsee, daher heißen sie auch Pomeranian. Ihre Vorfahren waren allerdings Schlitten- und Hütehunde aus Island und Lappland – das erklärt, warum sie so ein dickes, üppiges Haarkleid besitzen.

Deutschland und Polen

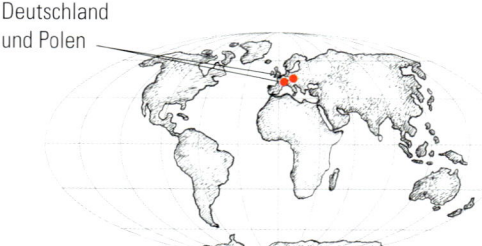

WELSH CORGI CARDIGAN

RÜDE

Es gibt zwei Corgis vom gleichen Typ: den WELSH CORGI CARDIGAN und den Welsh Corgi Pembroke. Beide Rassen sind sehr ähnlich und wurden erst 1927 als unterschiedliche Rassen auf der Crufts gezeigt. Obwohl er ein kleiner Hund ist, wurde der Corgi als Treibhund eingesetzt, eine Aufgabe, die er als sogenannter „Heeler" mithilfe von „Fersenbissen" ausgezeichnet erledigte.

Merkmale

Der Corgi ist ein niedriger Hund mit schwerem Knochenbau, tiefer Brust und Stehohren. Der Hauptunterschied zwischen den beiden Corgis ist, dass der Cardigan eine lange, buschige Rute und größere, rundlichere Ohren hat. Er ist auch etwas dunkler und geringfügig größer, länger und schwerer. Alle Farben sind zugelassen.

Nutzung

Er ist ein Begleithund, aber da er sehr auf seinen Besitzer fixiert ist, benötigt er eine gute Sozialisierung, sodass er mit anderen Menschen und Hunden vertraut ist. Andernfalls ist er bei Fremden sehr reserviert und bei größeren Hunden absolut furchtlos.

Ähnliche Rassen

Welsh Corgi Pembroke, Schwedischer Vallhund

Größe

Rüde ..... 29–32 cm

Hündin .. 26,5–29 cm

Herkunft

Seine Ursprünge liegen in Wales und so leitet sich auch das Wort „corgi" vom keltischen Wort für Hund ab. Der Welsh Corgi Cardigan ist die ältere der beiden Rassen und erreichte die walisische Grafschaft Cardiganshire mit den Kelten etwa 1200 v. Chr. In Großbritannien ist er noch weniger verbreitet als der Pembroke, sodass er dort auf der Liste der gefährdeten heimischen Rassen steht..

Wales

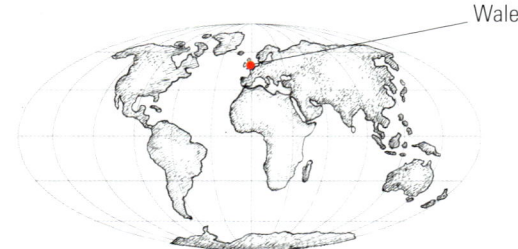

CHESAPEAKE BAY RETRIEVER

HÜNDIN

Von allen wasserliebenden Apportierhunden ist der CHESAPEAKE BAY RETRIEVER vermutlich der zäheste. Er wurde gezüchtet, um im Wasser wie auf dem Land zu arbeiten. Er ist absolut unermüdlich und kann mehrere Hundert Vögel am Tag apportieren.

Merkmale

Dieser Retriever ist ein ausgewogener, muskulöser Hund, der im Aussehen dem Labrador ähnelt, aber größer ist. Er soll sich farblich seiner Umgebung anpassen, insofern sind die zugelassenen Farben totes Gras (Stroh bis Farn), Schilffarben (Rotgold) und alle Braun- oder Asch-Schattierungen. Der Chesapeake hat ein charakteristisches wasserabweisendes Haarkleid, dass es ihm erlaubt, in widrigen Witterungsbedingungen, auch in Schnee und Eis, zu arbeiten.

Nutzung

Chesapeakes sind fröhliche Hunde, die das Leben lieben. Ihre Liebe zum Wasser bedeutet, dass sie hervorragende Begleiter für Familien sind, die sich gerne draußen aufhalten. Als Apportierhunde oder in Wettbewerben sind sie ausdauernd und können den ganzen Tag lang arbeiten. Sie sind sehr hingebungsvoll und ihren Besitzern gegenüber absolut loyal.

Ähnliche Rassen

Labrador Retriever, Curly Coated Retriever

Größe

Rüde ..... 58–66 cm

Hündin .. 53–61 cm

Herkunft

Man glaubt, die Rasse lasse sich zu einem Schiffswrack vor der Küste von Maryland, USA, im Jahre 1807 zurückverfolgen. Damals wurden zwei Neufundländer gerettet. Sie wurden mit heimischen Apportierhunden und englischen Otterhunden, Flat Coated und Curly Coated Retrievern verpaart. Ergebnis war der Chesapeake Bay Retriever.

USA

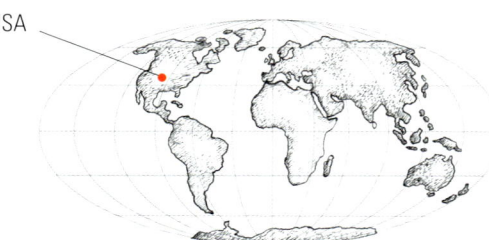

BOUVIER DES FLANDRES

RÜDE

Der Bouvier des Flandres war ursprünglich ein Hofhund, der unter anderem vom Tibetmastiff, Schnauzer und Beauceron abstammt. Er arbeitete sowohl als Wachhund wie auch als Hütehund. Der erste Rassestandard wurde erst 1912 entworfen, obwohl der Hund in seiner Heimat schon seit Jahrhunderten bekannt war.

Merkmale

Obwohl der Bouvier des Flanders keine alltägliche Rasse ist, vergisst man ihn nicht, wenn man ihn einmal gesehen hat. Er ist ein großer, stattlicher, kräftiger Hund mit einem dicken, struppigen Haarkleid und einem prächtigen Bart, der einen nachhaltigen Eindruck hinterlässt. Er hat einen kompakten, kräftigen Körper, einen starken, muskulösen Hals und manchmal eine angeborene Stummelrute. Mögliche Farben sind Schwarz, Falb oder Grau (oft gestromt).

Nutzung

Zweifellos ist dies kein Hund für jedermann, obwohl er als Begleit-, Rettungs- oder Wachhund eingesetzt wird. Der Bouvier ist absolut loyal gegenüber seiner Familie, manchmal aber schwierig gegenüber Fremden – Menschen wie Hunden.

Ähnliche Rassen

Russischer Schwarzer Terrier, Riesenschnauzer

Größe

Rüde ..... 62–70 cm

Hündin .. 60–68 cm

Herkunft

Die belgische Rasse – manchmal auch Flämischer Treibhund genannt – erhielt ihren Namen von der Gegend, die teils zu Belgien, teils zu Frankreich gehört, wo er sehr beliebt war. Im Ersten Weltkrieg waren seine Zahlen sehr zurückgegangen, aber er fand Arbeit als Rettungs- und Schutzhund und wurde später von einem belgischen Tierarzt neu gezüchtet.

Belgien

CHINESISCHER SCHOPFHUND

HÜNDIN

Der Chinesische Schopfhund – auch Chinese Crested Dog – ist ein kleiner, anmutiger Gesellschaftshund, nach dem man sich umdreht. Es gibt zwei Varietäten: Haarlos und Powder Puff. Im frühen 20. Jahrhundert war der haarlose Hund in England als „fever dog" bekannt: Man glaubte, wenn man seine warme und weiche Haut berührte, würde sie Krankheiten heilen!

Merkmale

Beim Schopfhund kann man zwei Typen unterscheiden: den zierlicheren „deer type" und den schwereren, kräftigeren „cobby type". Außerdem gibt es zwei Varietäten: den Haarlosen – mit weichem, seidigem Haar nur am Schopf, an der Rute und den Läufen – und den Powder Puff (hier abgebildet), der langes weiches Haar besitzt. Alle Farben und Kombinationen sind zugelassen.

Nutzung

Der Hund ist am ehesten Begleithund, kann aber auch in Agility-Prüfungen glänzen. Die Vorteile der haarlosen Varietät sind, dass er weniger Körpergeruch verströmt, keine Haare verliert und seltener Allergien auslöst. Dafür muss er im Winter warm gehalten und im Sommer vor der Sonne geschützt werden.

Ähnliche Rassen

Mexikanischer Nackthund (Xoloitzcuintle)

Größe

Rüde ..... 28–33 cm

Hündin .. 23–30,5 cm

Herkunft

Auch wenn ihre genaue Herkunft im Dunkel bleibt, ist allgemein anerkannt, dass die Rasse aus China kommt. Haarlose Rassen haben ihren Ursprung möglicherweise in Afrika und gelangten mit Händlern bis nach Asien, wo sie sehr populär wurden. Besucher in China waren von den nackten Hunden fasziniert und brachten sie aufgrund ihrer Neuartigkeit wiederum mit nach Europa.

China

KOMONDOR

RÜDE

Der KOMONDOR ist ein großer, muskulöser Hund, der mit seinem zottigen Haar eher wie ein Riesenmopp aussieht. Es beschützt ihn vor Kälte und Hitze sowie Raubtierbissen. Die Hunde wurden als Hirtenhunde genutzt und mit den Herden aufgezogen, sodass sie sich eng an sie banden und sie vor Wölfen, Bären und auch menschlichen Angreifern schützten.

Merkmale

Der Komondor ist ein stattlicher Hund. Er hat einen großen Kopf mit mandelförmigen, dunklen Augen und längeren Hängeohren. Sein Rücken ist gerade und stark, dabei übertrifft die Körperlänge die Widerristhöhe geringfügig. Am auffälligsten ist jedoch sein langes, zottiges Haarkleid. Es ist immer weiß, sodass es sich optisch den Schafen angleicht.

Nutzung

Die Hunde wurden gezüchtet, um sich ohne menschliche Hilfe um das Vieh zu kümmern. Insofern sind sie relativ selbstständig, was die Erziehung erschweren kann! Sie sind hoch intelligent, außerordentlich loyal und lieben Körperkontakt, sind also gute Begleithunde. In ihrer ungarischen Heimat werden sie nach wie vor als Herdenschutzhunde genutzt.

Ähnliche Rassen

Bergamasker Hirtenhund, (Ungarischer) Puli

Größe

Rüde ..... 70 cm

Hündin .. 65 cm

Herkunft

Der Komondor ist eine alte Rasse, die vermutlich mit den Mongolen im 13. Jahrhundert nach Ungarn kam. Er wurde als einer von drei Arbeitshunden gezüchtet: Der Puli hütete die Schafe, Komondor und Kuvasz bewachten sie. Der Komondor ist ein direkter Nachfahre des Owtscharka – einer Rasse, die von Nomaden gezüchtet wurde, als sie durch Russland fegten.

Ungarn

HOVAWART

RÜDE

Der Name des Hovawart setzt sich zusammen aus dem mittelhochdeutschen Wort für Hof und für Wächter und veranschaulicht damit seine Aufgabe: Hofwächter. Diese Aufgabe hat er jahrhundertelang übernommen und auch heute noch beschützt er in Deutschland das Vieh und die Bauernhöfe.

Merkmale

Bei dem kräftigen, mittelgroßen Hund übertrifft die Körperlänge die Widerristhöhe geringfügig. Er hat einen ausgewogenen Körper, eine kräftige, tiefe Brust, eine kraftvolle Hinterhand und eine buschige Rute, die je nach Stimmungslage über den Rücken hochgeschwungen oder gesenkt getragen wird. Der Hovawart hat ein langes, dichtes, wasserabweisendes Haarkleid in Schwarz, Schwarzmarken oder Blond.

Nutzung

Die Rasse ist geduldig, verlässlich, intelligent und zugänglich. Der Hovawart lässt sich gut erziehen und ist ein anhänglicher Begleiter. Er ist als Familien- und Begleithund vielseitig einsetzbar, vor allem aber ein klassischer Schutzhund.

Ähnliche Rassen

Golden Retriever, Flat Coated Retriever

Größe

Rüde ..... 64–70 cm

Hündin .. 58–65 cm

Herkunft

Die deutsche Rasse lässt sich bis ins 13. Jahrhundert zurückverfolgen und war im Mittelalter ein legendärer Hofwächter. Danach gingen die Zahlen allerdings rapide zurück. Erst in den 1920er Jahren wurde die Rasse neu gezüchtet und seitdem sind die Diskussionen nicht verstummt, ob dies wirklich die ursprüngliche Rasse ist.

Deutschland

KING CHARLES SPANIEL

HÜNDIN

Seinen Namen bekam der KING CHARLES SPANIEL von dem englischen König Charles II., der ein leidenschaftlicher Züchter dieser kleinen Spaniels war. Und obwohl er die Rasse populär gemacht haben dürfte, gab es Zwergspaniels in England lange vor seiner Herrschaft.

Merkmale

Der King Charles Spaniel ist eine der größeren Gesellschaftsrassen – teilt aber das charakteristische Spaniel-Aussehen. Er ist ein eleganter, kompakter Hund mit einem gut gewölbten Kopf, großen, dunklen Augen und langen, gut befransten Ohren. Sein Rücken ist kurz und gerade, seine Rute gut befedert. Das Haarkleid ist lang und seidig. Vier Farben sind zugelassen: Black and Tan (Schwarz und Loh), Tricolour (Weiß mit schwarzen Platten und braunroten Abzeichen), Blenheim (kastanienrote Abzeichen auf Weiß) oder Ruby (Kastanienrot).

Nutzung

In gewisser Weise ist dieser Spaniel der ideale Stadthund: freundlich, fröhlich, intelligent, leicht erziehbar und anhänglich – ein wundervoller Familienbegleithund. Einige Tiere werden auch als Therapiehunde eingesetzt und können in Obedience-Prüfungen gute Ergebnisse erzielen.

Ähnliche Rassen

Cavalier King Charles Spaniel, Tibet-Spaniel

Größe

Rüde ..... 28–30,5 cm

Hündin .. 25,5–28 cm

Herkunft

Die Hunde wurden in England gezüchtet, im viktorianischen Zeitalter wurden sie kleiner und erhielten das flachere Gesicht. In den 1920er Jahren wurden Versuche unternommen, zur Ursprungsform zurückzukehren. Letztlich trennten sich die unterschiedlichen Typen in den King Charles Spaniel und den neueren Cavalier King Charles Spaniel.

England

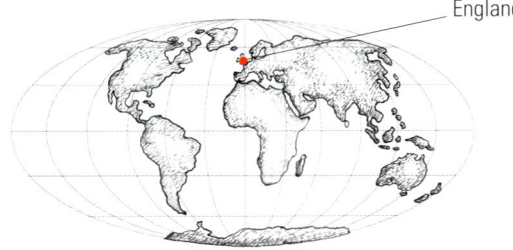

LÖWCHEN

HÜNDIN

Das Löwchen ist eine alte, aber seltene Rasse, die ihr Leben vor über 400 Jahren als Schoßhund an den europäischen Höfen begann. Hauptmerkmal ist die löwenartige Schur: Das Hinterteil wurde (und wird) – bis auf Rute und Füße – kahl geschoren, sodass er einem Löwen ähnelte und als lebendige Wärmflasche für die Hofdamen dienen konnte.

Merkmale

Auf Zuchtschauen erkennt man die Löwchen sofort an ihrer Schur, da sie nur so präsentiert werden. Das übrige Haar ist lang, seidig und gewellt, aber nie lockig. Das Löwchen hat einen kurzen, kräftigen, stolz gebogenen Hals und eine Rute, die grazil getragen und auf den Rücken gebogen wird, ohne diesen zu berühren. Die Augen sind rundlich, stehen auseinander und sollten möglichst dunkel sein. Alle Farben und Abzeichen sind zugelassen.

Nutzung

Sie sind fabelhafte Begleithunde: intelligente, lebhafte, kleine Hunde, die bei uns aber eher selten zu finden sind. Allmählich tauchen sie in verschiedenen Hundesportarten (Agility, Dogdancing und Obedience) auf.

Ähnliche Rassen

Malteser, Havaneser

Größe

Rüde ..... 30,5–35,5 cm

Hündin .. 25,5–30,5 cm

Herkunft

Vermutlich wurde das Löwchen als separate Rasse in Lyon im Süden Frankreichs gezüchtet – trotz seines deutschen Namens (auch auf Englisch heißt er Löwchen!). Die Rasse war um 1900 fast ausgestorben und galt lange als weltweit seltenste Hunderasse. Seit Ende der 1960er Jahre wurde sie wiederbelebt.

Frankreich

REPORTAGE

Die Darstellung der PARTNERSCHAFT zwischen dem *Mensch* und seinem „*besten Freund*" ist mit BRAVOUR bestanden. Sie verdient eine Rosette – ebenso wie die *agilen, athletischen* und ANBETUNGSWÜRDIGEN HUNDE auf diesen herrlichen Fotos, die hinter den Kulissen geschossen wurden. Die letzten Seiten dieses Buches sind sicherlich ein *Schwanzwedeln* wert.

Discover Dogs,
Earls Court,
London, England

Ich weiß, dass ich klein bin, aber bekomme ich auch eine Belohnung?

Der Fotograf hat mich schon wieder erwischt.

Hör auf zu jammern. Ist das meine Schokoladenseite?

Entschuldigung.
Ich bin doch hier der
Allerschönste!

Die Richter erwarten,
dass alles glatt läuft.
Heulen wie ein Schlosshund
hilft da nicht.

Mein Haar liegt heute gar nicht gut.

Meins ist völlig pflegeleicht!

Hundepflegeset

- ☑ Kämme
- ☑ Bürsten
- ☑ Haarschneidemaschine
- ☑ Scheren
- ☑ Nagelknipser
- ☑ Shampoo
- ☑ Conditioner
- ☑ Fön

Hier geht es um Geschwindigkeit, Geschick und Gehorsam. In Earls Court sind alle auf den Hund gekommen.

Kopf hoch, Jungs!
Nicht alle sind so
schön wie ich.

Aus dieser Perspektive
sieht es nicht gut aus!

Jeder Hund hat
seinen Tag –
und dieser
gehört uns.

Ein
haarsträubender
Tag

Ein dritter Platz ist doch
auch nicht schlecht.

Los, lies meinen
Namen vor ... Bitte!

GLOSSAR

Abzeichen (un)regelmäßige Flecken auf dem Fell

Agility Hundesportart, in der die Hunde eine Vielfalt von Hindernissen, darunter Sprünge und Tunnel, überwinden müssen

AKC America Kennel Club, nordamerikanischer Hundezuchtverband

Apportieren Gegenstände oder geschossenes Wild herbeibringen

Befederung Langes Haar an Ohren, Läufen oder Rute

Canidae die Familie der Carnivora (Raubtiere), zu der die Hunde gehören

Deckhaar längere Haare, die die Fellfarbe bestimmen

Dogdancing Hundesportart, bei der Mensch und Tier zu Musik Bewegungen ausführen

Falbfarben (Fauve) Fellfarbe: fahlgelb bis hell graubraun

FCI Fédération Cynologique Internationale, internationaler Zusammenschluss von Hundeverbänden

Gestromt Haarkleid mit dunklem oder schwarzem Streifenmuster

Grizzle Fellfarbe: grau meliert

Hasenpfote ovale, flache Pfote

Heeler Hund, der Viehherden treibt, indem er den Tieren in die Ferse (heel) beißt

Hinterhand hinteres Bein des Hundes

Jagdgebrauchshund Hunderasse, die Jägern dabei hilft, Wild aufzuspüren, und es anschließend apportiert

Katzenpfote kleine, rundliche, kompakte Pfote

KC Kennel Club, wichtigster Hundezuchtverband in Großbritannien

Leberfarben Fellfarbe: verschiedene Brauntöne

Lohfarben Fellfarbe: in der Regel ein helles Rotbraun, kann aber auch ein goldener oder mahagonifarbener Farbton sein

Mastiff Mitglieder einer Gruppe von großen, kräftigen, kurzhaarigen Hunden (auch Molosser genannt)

Nasenschwamm vorderer haarloser Teil der Hundenase

Obedience Hundesportart, bei der Gehorsam und Sozialverträglichkeit des Hundes im Mittelpunkt stehen

Rüde männlicher Hund

Rute Schwanz des Hundes

Sable (englisch: zobelfarben) Fellfarbe: Fell, bei dem die Haare schwarze Spitzen haben

Spitz Hundetyp: kompakte Hunde nordeuropäischen Ursprungs; typische Merkmale sind Stehohren, das dicke Haarkleid und die behaarte Rute, die über dem Rücken getragen wird

Unterwolle dichtes, weiches Fell unter dem Deckhaar

VDH Verband für das Deutsche Hundewesen

Vorstehhund Jagdgebrauchshund, der dem Jäger durch das sogenannte Vorstehen anzeigt, dass er Wild gefunden hat

Wasserhund Hund, der dazu gezüchtet wurde, Wild aus dem Wasser zu apportieren

SCHAUEN & VERBÄNDE

Fédération Cynologique Internationale
FCI Generalsekretariat
Place Albert 1er, 13, 6530 Thuin
Belgien, Tel.: +32 71 591238
www.fci.be

Die FCI organisiert die World Dog Show, Ort und Kontaktadresse ändern sich von Jahr zu Jahr.

DEUTSCHLAND

Verband für das Deutsche Hundewesen
Westfalendamm 174, 44141 Dortmund
Deutschland, Tel.: +49 231 565000
www.vdh.de

SCHWEIZ

Schweizerische Kynologische Gesellschaft
Brunnmattstrasse 24, 3007 Bern
Schweiz, Tel.: +41 31 3066262
www.skg.ch

GROSSBRITANNIEN

Crufts Dog Show
www.crufts.org.uk

Discover Dogs
www.discoverdogs.org.uk

The Kennel Club
1–5 Clarges Street, London W1J 8AB
Großbritannien, Tel.: +44 844 463 3980
www.the-kennel-club.org.uk

DANKSAGUNG

Wir möchten uns bei den Organisatoren von „Discover Dogs", Beate Rothon von der Markus-Mühle und Emily Owen für die Hilfe bei den Fotoaufnahmen bedanken, ferner bei den folgenden Hundebesitzern und -züchtern, die uns erlaubt haben, ihre Hunde für dieses Buch zu fotografieren.

Afghanischer Windhund Mr und Mrs King
Akita Paula Donnelly
Alaskan Malamute Charlotte John
American Cocker Spaniel Margaret Hatley
Bedlington Terrier Chris Harris
Bichon frisé Ann Toogood
Bologneser Andrew Hollis
Bordeaux-Dogge Debbie Rainger
Boston Terrier Jo King
Bouvier des Flanders Janet Garrett
Chesapeake Bay Retriever Wyn Thomas
Chihuahua Sue Lee
Chines. Schopfhund Sharon und Shannon Roberts
Dackel Sue Ergis
Dalmatiner Kerry Harrison-Stratford
Deutsche Dogge Sharon Rose
Deutscher Schäferhund Patricia Glassey
Deutscher Spitz Lynda Hewett
English Foxhound Jackie Wallace
English Pointer Jan Risbridger
English Springer Spaniel Judith Andrew
Field Spaniel Chloe Aifrey
Französische Bulldogge Patricia Glassey
Golden Retriever Norman Austin
Greyhound Anne Ball
Griffon Bruxellois Ade Akilaja
Hovawart Mrs K Woodger
Irish Red and White Setter Mr R Knapton
Kanadischer Eskimohund Elizabeth Salter
King Charles Spaniel Christine Dix
Komondor Anita and Gary Waters
Labrador Retriever Alison Scutcher
Löwchen Steve Beall
Manchester Terrier Judy Thurlow
Norfolk Terrier Linda Philip
Papillon Shane Small
Puli Mrs E Reid
Schwedischer Vallhund Sue Hodkinson
Shih Tzu Debbie Willett
Staffordshire Bull Terrier Jo-Ann Essex
Welsh Corgi Cardigan Emily Day
Wolfsspitz Jane Saunders
Zwergspitz Sarah Parker

110

INDEX

Wir lieben das Landleben.

„So edel, ja, glamourös hat wohl noch keiner Säue und Eber präsentiert.“ Süddeutsche Zeitung
„Eine solche Sauerei kann man sich schon bieten lassen.“ ARD

Die Bestseller-Reihe

I *Andy Case*
Schöne Schweine
112 Seiten, Klappenbroschur
€ 17,95
ISBN 978-3-7843-5040-0

I *Liz Wright*
Schöne Enten
112 Seiten, Klappenbroschur
€ 17,95
ISBN 978-3-7843-5177-3

I *Christie Aschwanden*
Schöne Hühner
112 Seiten, Klappenbroschur
€ 17,95
ISBN 978-3-7843-5128-5

I *Valerie Porter*
Schöne Kühe
112 Seiten, Klappenbroschur
€ 17,95
ISBN 978-3-7843-5085-1

I *Kathryn Dun*
Schöne Schafe
112 Seiten, Klappenbroschur
€ 17,95
ISBN 978-3-7843-5077-6

I *Geoff Russell*
Schöne Kaninchen
112 Seiten, Klappenbroschur
€ 17,95
ISBN 978-3-7843-5153-7

I *Andrew Perris*
Schöne Tauben
112 Seiten, Klappenbroschur
€ 17,95
ISBN 978-3-7843-5178-0

I *Rick Mannen*
Schöne Traktoren
112 Seiten, Klappenbroschur
€ 17,95
ISBN 978-3-7843-5179-7

Landwirtschaftsverlag Münster

Erhältlich in jeder Buchhandlung oder unter www.buchweltshop.de
LV·Buch im Landwirtschaftsverlag GmbH · 48084 Münster